Wilfried Klaas
PLAYMOBIL® für echte Jungs

Zusatzinformationen zum Produkt

Zu diesem Produkt, wie zu vielen anderen Produkten des Franzis Verlags, finden Sie unter www.buch.cd Zusatzmaterial zum Download. Tragen Sie für dieses Produkt im Eingabefeld den **Code 65331-2** ein.

Bibliografische Information der Deutschen Bibliothek

Die Deutsche Bibliothek verzeichnet diese Publikation in der Deutschen Nationalbibliografie;
detaillierte Daten sind im Internet über http://dnb.ddb.de abrufbar.

Hinweis: Alle Angaben in diesem Buch wurden vom Autor mit größter Sorgfalt erarbeitet bzw. zusammengestellt und unter Einschaltung wirksamer Kontrollmaßnahmen reproduziert. Trotzdem sind Fehler nicht ganz auszuschließen. Der Verlag und der Autor sehen sich deshalb gezwungen, darauf hinzuweisen, dass sie weder eine Garantie noch die juristische Verantwortung oder irgendeine Haftung für Folgen, die auf fehlerhafte Angaben zurückgehen, übernehmen können. Für die Mitteilung etwaiger Fehler sind Verlag und Autor jederzeit dankbar. Internetadressen oder Versionsnummern stellen den bei Redaktionsschluss verfügbaren Informationsstand dar. Verlag und Autor übernehmen keinerlei Verantwortung oder Haftung für Veränderungen, die sich aus nicht von ihnen zu vertretenden Umständen ergeben. Evtl. beigefügte oder zum Download angebotene Dateien und Informationen dienen ausschließlich der nicht gewerblichen Nutzung. Eine gewerbliche Nutzung ist nur mit Zustimmung des Lizenzinhabers möglich.

PLAYMOBIL ist ein Warenzeichen der geobra Brandstätter Stiftung & Co. KG
Dieses Buch ist von geobra Brandstätter Stiftung & Co. KG weder unterstützt noch autorisiert worden.

Arduino ist ein eingetragenes Markenzeichen der Arduino S.r.l.
Die Programme des Autors stehen unter der Lizenz Apache License 2.0. Den Lizenztext finden Sie unter https://www.apache.org/licenses/LICENSE-2.0.

© 2016 Franzis Verlag GmbH, 85540 Haar bei München

Alle Rechte vorbehalten, auch die der fotomechanischen Wiedergabe und der Speicherung in elektronischen Medien. Das Erstellen und Verbreiten von Kopien auf Papier, auf Datenträgern oder im Internet, insbesondere als PDF, ist nur mit ausdrücklicher Genehmigung des Verlags gestattet und wird widrigenfalls strafrechtlich verfolgt.

Die meisten Produktbezeichnungen von Hard- und Software sowie Firmennamen und Firmenlogos, die in diesem Werk genannt werden, sind in der Regel gleichzeitig auch eingetragene Warenzeichen und sollten als solche betrachtet werden. Der Verlag folgt bei den Produktbezeichnungen im Wesentlichen den Schreibweisen der Hersteller.

Autor: Wilfried Klaas
Lektorat: Ulrich Dorn und Dr. Markus Stäuble
Programmleitung: Dr. Markus Stäuble
Coverillustration und Aufmachergrafiken: Mathias Vietmeier
Satz & Layout: DTP-Satz A. Kugge, München
art & design: www.ideehoch2.de
Druck: Firmengruppe APPL, aprinta druck GmbH, Wemding

ISBN 978-3-645-65331-2

Vorwort

Fast jeder Deutsche kennt Playmobil und hat in seiner Jugend zumindest eine Spielfigur sein Eigen nennen können. Im Gegensatz zu anderem Spielzeug aus Plastik ist Playmobil kein Konstruktionsspielzeug, sondern gliedert sich in sogenannte Spielwelten und fördert das Rollenspiel bei Kindern. Man kann zwar keine eigenen Teile aufbauen, trotzdem kann man die verschiedenen Welten und damit die verschiedenen Objekte gut kombinieren. Auch Playmobil selbst kombiniert sehr gerne. So findet man z. B. ein Fernrohr schnell mal als Kamera wieder.

Der Fokus bei Playmobil liegt auf dem eigentlichen (Rollen-)Spiel und nicht so sehr auf dem Zusammenbau der Spielwelt. Deswegen ist Playmobil eher für kleinere Kinder geeignet. Aber was macht man, wenn der/die Kleine aus dem Playmobilalter zu entwachsen droht? Entweder man verkauft das ganze Playmobil und wendet sich einem anderen Spielzeug zu oder aber man fängt an, die Teile weiterzuverwenden oder zu modifizieren und so wieder interessant zu machen. Anders als bei Konstruktionsspielzeug aus Plastik sind bei Playmobil gewisse Grenzen gesetzt. Die Fahrzeuge zum Beispiel, die nicht von Haus aus mit einer Fernsteueranlage ausrüstbar sind, nachträglich mit einer Fernbedienung auszustatten, ist sehr aufwendig bis unmöglich. Es fehlt an vielen Stellen einfach der erforderliche Platz.

Trotzdem kann man viele Teile aufwerten und wieder interessant machen. Ein paar dieser Änderungen möchte ich in diesem Buch vorstellen. Dabei sind einfache Dinge, die Sie zusammen mit Ihren Kindern bauen können, wie zum Beispiel eine echte Beleuchtung verschiedener Lampen. Ein paar Sachen gehen aber darüber hinaus, z. B. das eigene Fernsteuersystem per Smartphone. Einige Modifikationen sind recht einfach, während andere Änderungen etwas handwerkliches Geschick voraussetzen.

Ein großer Teil dieses Buches beschäftigt sich mit Mikrocontrollern wie dem Arduino und dem Raspberry Pi und zeigt, wie man sie sinnvoll in die Playmobilwelt integrieren kann. Vielleicht gibt dieses Buch ja den Anlass, sich mit dieser interessanten Welt zu beschäftigen. Die hier vorgestellten Projekte mit den o. g. Mikrocontrollern sind vom Schwierigkeitsgrad für Anfänger geeignet.

Alle vorgestellten Schaltpläne, Mikrocontroller Quelldateien und andere Daten können über die Homepage des Autors[1] heruntergeladen werden. Die hier abgedruckten Programme sind nach bestem Wissen und Gewissen getestet. Allerdings können die Programme durchaus den einen oder anderen Fehler enthalten. Wenn Sie auf ein solches Problem stoßen, dann schauen Sie einfach auf meiner Homepage nach. Eventuell ist das Problem bereits bekannt, und es gibt eine Lösung. Falls nicht, werde ich mich bemühen, das Problem zu lösen.

Ich wünsche Ihnen und Ihren Kindern viel Spaß mit dem »neuen« Playmobil.

Wilfried Klaas

---

[1] *www.rcarduino.de*

INHALT

1	Helm auf: Ab auf die Baustelle	10
1.1	Baustellenbeleuchtung und Aufbaulicht	12
1.1.1	LED-Lichter für den Einsatz fertig machen	13
1.2	Lichtleitanhänger mit LEDs ausrüsten	15
1.2.1	Aufbau des Lichtleitanhängers	17
1.2.2	Programm für den Lichtleitanhänger	20
1.3	Den neuen Baukran noch besser machen	24
1.3.1	Umbauvarianten als Entscheidungshilfe	24
1.3.2	Blick auf den Aufbau der Baukranelektronik	25
1.3.3	Variante 1: die kostengünstige	26
1.3.4	Variante 2: mit mehr Möglichkeiten	27
1.3.5	Funktionsweise der H-Brücke	28
1.3.6	H-Brückenteile als Schalter verwenden	30
1.3.7	Das Programm Kran.ino	34

2	Licht an: Porsche Carrera mit Lichtsteuerung	38
2.1	Lichtsteuerung für den Playmobil-Porsche	40
2.1.1	Einbau der Beleuchtung	41
2.1.2	Das Programm Porsche.ino	47

3	Ton an: Bauernhof mit allem Drum und Dran	54
3.1	Beleuchtung und reale Soundkulisse	56
3.1.1	Installieren der Beleuchtung	56
3.1.2	Installieren des Soundmoduls	58
3.1.3	Das Programm BauernhofSound.ino	61
3.2	Mobiles Förderband für Strohballen	62
3.2.1	Playmobilmotor als Antrieb verwenden	62
3.2.2	Das Programm Foerderband.ino	62
3.3	Stallampel als Einparkhilfe nutzen	64
3.3.1	Abstandswarner und Einsatzmöglichkeiten	65
3.3.2	Elektronischer Versuchsaufbau vor dem Löten	65
3.3.3	Das Programm Stallampel.ino	66

4	Es brennt: Mit der Feuerwehr im Einsatz	70
4.1	Feuer! Einen Brand simulieren	72
4.1.1	Lichtintensitäten und -farben	73
4.1.2	Das Programm Feuer.ino	74
4.2	Alarm im Spritzenhaus!	76
4.2.1	Sirene und Alarmlichter	76
4.2.2	Anschluss der Komponenten	77
4.2.3	Das Programm Feuerwache.ino	78
4.3	Brandmeisterfahrzeug im Einsatz	83

Inhalt

4.3.1	Leichte Modifikation der Fernsteuerung	83
4.3.2	Beleuchtung für das Brandmeisterfahrzeug	86
4.3.3	Einbau der vorbereiteten LED-Platinen	91
4.3.4	Programme für das Brandmeisterfahrzeug	93
4.3.5	Das Programm Brandmeister_Test.ino	94
4.3.6	Das Programm Brandmeister.ino	96
4.4	Wasser marsch!	103
4.4.1	Wasserdruck mit Zahnradpumpe regulieren	103
4.4.2	Adapter für kompatible Schlauchverbindungen	103

Kamera an: Modernisierung der Polizeistation		106
5.1	Verbessern der Überwachungskameras	108
5.2	Umstellen der Außenbeleuchtung auf LED	109
5.2.1	Klare Lampengläser für die Stehlampen	109
5.2.2	Das Programm Polizeiwache_1.ino	111
5.3	Automatisches Türsystem für die Haftzelle	114
5.3.1	Anschluss der Komponenten	118
5.3.2	Das Programm Tuer_Test.ino	118
5.3.3	Das Programm Polizeiwache_2.ino	120
5.4	Gebäudeüberwachung mittels Ultraschallmodul	125
5.4.1	Blick auf den Aufbau der Elektronik	125
5.4.2	Raspberry Pi via USB mit Arduino verbinden	126
5.5	Fernsteuerung für den SEK-Einsatztruck	127
5.5.1	Umbau des SEK-Einsatztrucks	127
5.6	Bildschirm für den Erkennungsdienst	132
5.6.1	USB-Kamera einsatzbereit machen	132
5.6.2	Gesichtserkennung und Klassifizierungsmuster	135
5.6.3	Programm für die Gesichtserkennung	136

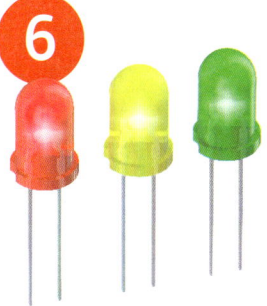

Lötkolben raus: Elektronikwissen fürs Playmobil-Tuning		138
6.1	Entscheidungshilfe in Sachen Platine	140
6.2	Was man alles zum Löten braucht	140
6.2.1	Am besten mit einer Lötstation	141
6.2.2	Leicht austauschbare Spitzen	141
6.2.3	Handelsüblicher Elektroniklötzinn	141
6.2.4	Entlötlitze und Lötzinnabsaugpumpe	141
6.2.5	Dritte Hand für filigrane Lötungen	142
6.2.6	Flachzange, Spitzzange und Seitenschneider	142
6.3	Richtiges Löten ist keine Kunst	143
6.3.1	Damit die Verbindung stimmt	143
6.3.2	Bauteildrähte kürzen	144

6.3.3	Verzinnen der Litzenenden	144
6.3.4	Bauteile mit zwei geraden Enden	144
6.4	Vorwiderstand von LEDs berechnen	144
6.5	Ströme brauchen Treiberschaltungen	146
6.5.1	Aufbau einer einfachen Transistorschaltung	146

An die Tasten: ArduinoTM und Raspberry Pi ... 150

7.1	Mehr braucht ein Arduino nicht	152
7.2	ATMega-Typen und Arduino-Pins	153
7.3	Arduino-Entwicklungsumgebung	155
7.3.1	Arduino IDE installieren und einrichten	156
7.3.2	Arduino-Treiberinstallation unter Windows	157
7.3.3	Starten der Arduino-Entwicklungsumgebung	158
7.3.4	Sketch 1: Bringt eine LED zum Blinken	159
7.4	Grundlagen der Programmierung	160
7.4.1	Variablen und Konstanten benennen	160
7.4.2	Variablen haben einen Typ	161
7.4.3	Variablen und Feldern Werte zuweisen	162
7.4.4	Mathematische Funktionen einsetzen	163
7.4.5	Kontrollstrukturen im Programmfluss	164
7.4.6	Debuggen auf dem Arduino	165
7.5	Raspberry Pi für komplexe Aufgaben	167
7.5.1	IDLE, das Entwicklungssystem für Python	167
7.5.2	Installation der OpenCV-Bibliothek	169
7.5.3	Install-opencv.sh	171
7.5.4	Training eines eigenen Klassifikators	173
7.6	Liste der verwendeten Hardware	179

Wlan an: Grundlagen der Smartphonesteuerung ... 180

8.1	Grundlegendes zum RCArduino	182
8.2	Hardware für das System	183
8.3	Download der Software	183
8.4	Installation der Applikation	184
8.5	Installation der ESP8266-Firmware	184
8.5.1	Installation einer eigenen IDE	185
8.5.2	Kompilation und Hochladen der Firmware	186
8.5.3	ESP-201-Modul vor Verwendung vorbereiten	186
8.5.4	Testen, ob Modul und Anschluss funktionieren	187
8.5.5	Aufspielen der RCArduino-Firmware	188
8.6	Bibliothek für den Arduino	188
8.7	Verbindung Arduino und ESP8266	189

Index ... 191

Inhalt

Webseite des Autors	*http://www.rcarduino.de*
Arduino	*http://www.arduino.cc*
MP3-Bibliothek	*https://github.com/patiny/legoino/tree/master/arduino/audio/Mp3-tf-16p*
Audacity	*http://sourceforge.net/projects/audacity/*
RC Arduino Github Repository	*https://github.com/willie68/rcarduino*
Android Studio IDE	*http://developer.android.com/sdk/index.html*
AltSoftSerial	*https://www.pjrc.com/teensy/td_libs_AltSoftSerial.html*
Adafruit NeoPixel	*https://github.com/adafruit/Adafruit_NeoPixel*
Fritzing App	*http://fritzing.org*
Raspberry PI Images mit TFT-Unterstützung	*https://github.com/watterott/RPi-Display*
Wikiartikel zu OpenCV	*https://de.wikipedia.org/wiki/OpenCV*
OpenCV-Homepage	*http://opencv.org/*
Installationsscript für OpenCV	*https://gist.github.com/willprice/c216fcbeba8d14ad1138*
Python für Windows	*https://www.python.org/downloads/windows/*
Numpy für Windows	*https://sourceforge.net/projects/numpy/files/NumPy/*
Mikrocontroller Net: Löten	*http://www.mikrocontroller.net/articles/L%C3%B6ten*

Zeilennummern in Listings

Die Zeilennummern entsprechen den Zeilennummern im Quellcode. Die Nummern in den Listings sind teilweise nicht fortlaufend. Dies liegt daran, dass nicht der komplette Quelltext abgedruckt ist.

1

HELM AUF

Ab auf die Baustelle

1.1	Baustellenbeleuchtung und Aufbaulicht	12
1.2	Lichtleitanhänger mit LEDs ausrüsten	15
1.3	Den neuen Baukran noch besser machen	24

KAPITEL 1

Bei fast jedem Playmobil-Produkt, bei dem es um das Thema Baustelle geht, sind Aufbaulichter oder Barken dabei.

1.1 Baustellenbeleuchtung und Aufbaulicht

Die kleinen quietschgelben Lampen kann man, wie bei Playmobil üblich, fast überall anstecken: an der Absperrbarke, an den Absperrschildern oder zusammen mit einer kleinen Stange und dem Fuß als eigenständige Barke. Anders als in der Realität sind diese Aufbaulichter aber leider unbeleuchtet. Das wollen wir jetzt ändern.

So sehen Aufbaulicher und Barken auf einer echten Baustelle aus.

Bauteilliste für die einzelnen Lichter:

- 1 LED 5 mm gelb, 20 mA, 2,5 V.
- Die tatsächliche Spannung kann je nach Hersteller variieren, ist aber bei entsprechender Dimensionierung unkritisch.
- 1 Vorwiderstand für die LED.
- Bei 5 V Versorgungsspannung 150 Ohm, 1/4 W.

Ab auf die Baustelle

- 1 Stückchen Schrumpfschlauch, Schrumpfverhältnis 1:2, innen 1 mm (nach dem Schrumpfen).
- 1 Stückchen Schrumpfschlauch, Schrumpfverhältnis 1:2, innen 3 mm (nach dem Schrumpfen).
- Ein Stück zweiadrige Litze als Anschlusskabel. Sie sollte mindestens 30 cm lang sein, damit man beim Aufbauen ein bisschen Platz hat. Litze gibt es in jedem Laden für Modellbahnzubehör.

Die Playmobil-Pendants (Produktnummer: 7453) sind an die echten Objekte angelehnt.

Der Widerstand wird in Reihe zu der LED geschaltet und ergibt sich zu:

$$\frac{5\,\text{V} - 2{,}5\,\text{V}}{0{,}02\,\text{A}} = 125\,\Omega$$

Für den Aufbau wurde ein Widerstand von 150 (max. Spannung in Volt) gewählt.

1.1.1 LED-Lichter für den Einsatz fertig machen

① 2-mm-Loch vorbohren

Bohren Sie zentriert in der Mitte ein kleines Loch mit einem Durchmesser von 2 mm. Achten Sie darauf, dass Sie die Mitte genau treffen, sonst ist die Beleuchtung nicht zentriert.

② 4-mm-Loch nachbohren

Bohren Sie mit dem 4-mm-Bohrer die Bohrung auf. Eine eventuelle Abweichung können Sie noch leicht korrigieren.

③ Abschlussbohrung mit 5 mm

Bohren Sie das Loch mit dem 5-mm-Bohrer auf die endgültige Größe. Man braucht mehrere Schritte beim Aufbohren, weil man erstens bei jedem Schritt die Bohrung noch etwas korrigieren kann und zweitens die Bohrung deutlich sauberer wird, als wenn man sie direkt mit dem Enddurchmesser macht.

Vorbereiten der Aufbaulichter

KAPITEL 1

> **Anode und Kathode der LED**
>
> Der Masseanschluss einer LED ist fast immer der große Teller (Kathode) in der LED. Der Plusanschluss (Anode) ist meistens der kleinere Pin in der LED. Mit einer Eselsbrücke kann man sich das leicht merken:
>
> **Kurz = Kante = Kathode**

④ Entgraten der Bohrung

Als Letztes muss man das Loch von beiden Seiten entgraten, entweder mit einem großen scharfen Bohrer ⟶ 10 mm oder mit einem kleinen Metallsenker. Die LED sollte stramm im gebohrten Loch sitzen. Falls die LED doch etwas wackelt, kann man sie mit etwas Sekundenkleber einkleben.

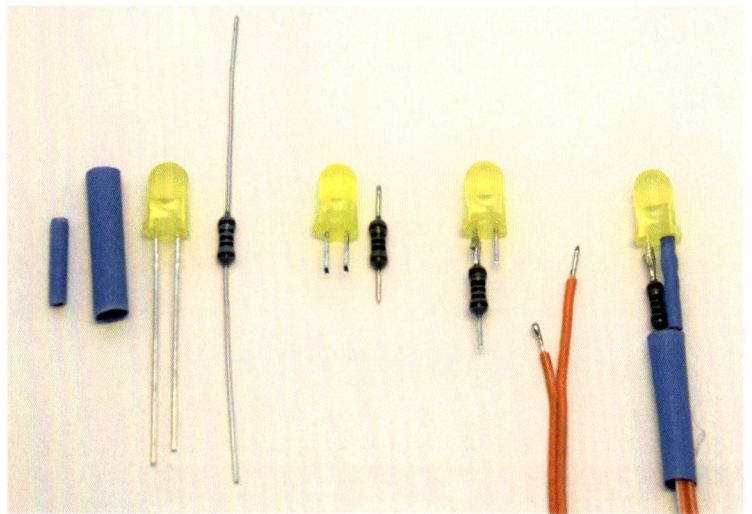

Vorbereiten der LEDs

⑤ Kürzen der Bauteile

Kürzen Sie die Anschlüsse von LED und Widerstand.

⑥ Anlöten des Widerstandes

Nach dem Kürzen der Anschlüsse wird der Widerstand an eines der Beinchen gelötet.

⑦ Anschlusskabel vorbereiten

Das Anschlusskabel muss den Längen der Anschlussbeinchen entsprechend gekürzt und dann ein kleines Stück, ca. 2 mm, abisoliert und verzinnt werden. Danach schieben Sie den dickeren Schrumpfschlauch über beide Kabelenden und dann den dünneren Schrumpfschlauch über das Ende des Kabels, das nicht an den Widerstand gelötet werden soll.

⑨ Anlöten der LEDs

Jetzt können Sie das Kabel, das nicht für den Widerstand vorgesehen ist, vorsichtig an die LED löten. Sobald die Lötstelle abgekühlt ist, schieben Sie den Schrumpfschlauch über die Lötstelle. Sie können ihn mit einem Föhn oder mit dem Lötkolben vorsichtig einschrumpfen lassen.

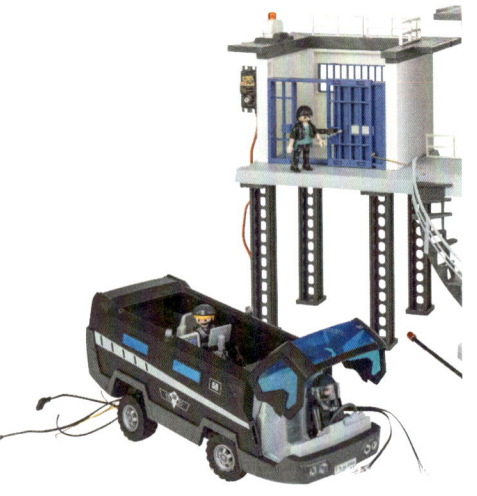

Ab auf die Baustelle

⑩ Anlöten des Widerstandes

An welches Beinchen Sie den Widerstand löten, bleibt Ihnen überlassen. Damit Sie aber später nicht durcheinanderkommen, sollten Sie an allen LEDs den Widerstand an das gleiche Beinchen löten. Ich löte den Widerstand immer an die Anode (Pluspol) der LED. Die Kathode ist bei mir, bis auf wenige Ausnahmen, immer ohne Widerstand. Zunächst löten Sie den Widerstand an das noch freie Beinchen der LED und dann löten Sie das andere Kabelende an den Widerstand.

⑪ LEDs isolieren

Wenn die Lötstellen abgekühlt sind, können Sie das große Schrumpfschlauchstück bis an den LED-Kragen schieben und es ebenfalls einschrumpfen. In der Abbildung oben ist der zweite Schrumpfschlauch noch nicht in der richtigen Position, damit man die Lötung sehen kann. Somit sind nun alle Teile elektrisch isoliert und vor Beschädigungen geschützt.

Puppenhausstecker als Kindersicherung

An das andere Ende des Kabels können Sie entweder kleine Stecker schrauben, oder Sie verbinden die Kabelenden direkt mit einer Batteriebox. Dafür eignen sich z. B. die kleinen Stecker für Puppenhäuser, die es in gut sortierten Spielwarenläden zu kaufen gibt. Für Puppenhausstecker gibt es auch Verteilerplatten, an die man weitere Stecker stecken kann. Sehr vorteilhaft an dem Puppenhauszubehör ist, dass es sogar eine Batteriekappe für die großen 4,5-V-Flachbatterien gibt, in die auch gleich ein Verteiler mit eingebaut ist. Dadurch wird der ganze Aufbau sehr kompakt und selbst kleinere Kinder können damit umgehen.

1.2   Lichtleitanhänger mit LEDs ausrüsten

Der Lichtleitanhänger[1] von Playmobil ist ein einfacher Anhänger, auf das das Lichtleitsystem von Playmobil gesteckt wird. Das System hat drei verschiedene Modi: Pfeil nach links, Pfeil nach rechts und Kreuz.

---
[1] Produktnummer: 4049-A

KAPITEL 1

Der Playmobil-
Lichtleitanhänger

Dabei werden 27 SMD-LEDs benutzt. Sie bilden die verschiedenen Figuren. Die Blitzer-LEDs, oben am Schild, sind jeweils mit zwei SMD-LEDs ausgelegt.

66		1			2		66
			1	2			
				3			
4			2	1			5
4		2			1		5
4	4					5	5
4	4	4	4		5	5	5

Der Lichtleitanhänger ist in insgesamt sechs Segmente aufgeteilt.

Ab auf die Baustelle

Bauteilliste für einen Lichtleitanhänger:

- 1 Arduino (z. B. einen Arduino Nano).
- 6 Widerstände mit 1 KOhm.
- Isolierter Schaltdraht.

1.2.1 Aufbau des Lichtleitanhängers

Alle LEDs werden über SMD-Transistoren geschaltet. Somit kann man die LEDs von außen steuern, ohne die interne Funktion zu beeinflussen. Dazu werden an die Basis-Widerstände der Transistoren dünne Kabel gelötet. Insgesamt werden sieben Kabel benötigt, sechs für die LEDs und eines für die Masseverbindung.

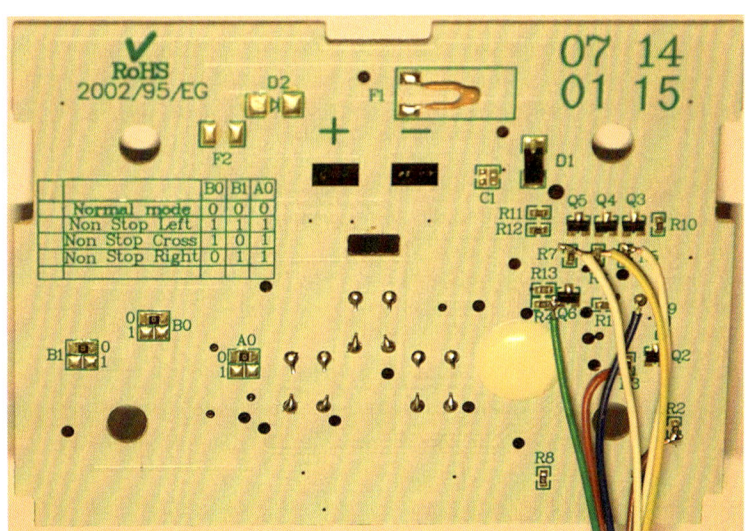

Die Elektronik des Lichtleitanhängers

❶ Anlöten der Kabel

Die Kabel löten Sie an der Transistorseite der Widerstände an. Damit wird der Basiswiderstand nicht mehr benutzt, denn er wird durch einen eigenen Widerstand auf der Arduinoseite ersetzt. Dafür dient der Basiswiderstand weiterhin gleichzeitig als Schutz für den im Playmobil-Lichtleitanhänger benutzten Mikrocontroller.

Die Kabel kommen an die Widerstände R2, R3, R4, R5, R6 und R7. Auch eine Masseverbindung wird benötigt. Dazu dient der kleine Massepunkt zwischen den internen Widerständen R1 und R9. Vorsicht beim Löten der Kabel, die SMD-Bauteile werden schnell heiß, sodass sie sich von der Platine lösen!

Funktionen weiter nutzen

Durch die aufgebaute Schaltung können die originalen Funktionen weiterhin genutzt werden. Dies sollten Sie aber auf keinen Fall gleichzeitig machen.

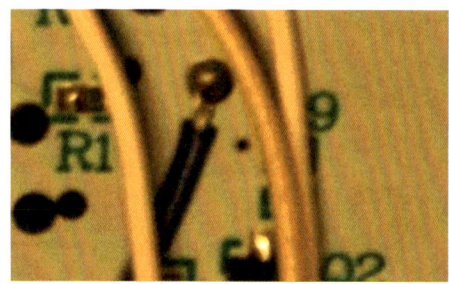

② Loch für die Kabelführung bohren
Um die Kabel nach außen zu führen, bohren Sie ein kleines Loch in die rechte untere Ecke der Rückwand. Dort führen Sie die Kabel durch auf den Anhänger.

③ Arduino und sonstige Peripherie
Auf dem Anhänger selbst ist genügend Platz für einen Arduino Nano, ein Akkupack (z. B. 4 NiMh-Mignonzellen) und die sonstige Peripherie vorhanden. Das für diesen Anhänger geschriebene Programm simuliert genau die gleiche Blinkfolge wie der originale Controller. Aber zusätzlich können weitere LEDs an den Arduino angeschlossen werden. Sie werden dann in Form eines fortlaufenden Lichtblitzes weitergeführt. So kann zusammen mit den Aufbaulichtern eine richtige Baustellenbeleuchtung mit Lichtführung für die Umleitung gebaut werden.

④ Kabel mit Vorwiderstand versehen
Während die LEDs der Aufbaulichter direkt mit den Ausgängen des Arduinos verbunden werden können, müssen die Kabel zum Lichtleitanhänger noch mit einem 1K-Vorwiderstand versehen werden. Dieser kann ähnlich in das Kabel eingelötet werden wie die Vorwiderstände der LEDs.

⑤ Taster für die Programmsteuerung
Für die Steuerung des Programms werden drei weitere kleine Taster gegen Masse benötigt.

Es gilt folgendes Anschlussschema, dass die Zuordnung der Arduino-Pins für den Lichtleitanhänger und die Aufbaulichter zeigt:

Ab auf die Baustelle

Arduino-Pin	Bezeichnung	Widerstand	Anschluss	Ziel
D2	Blitzer	1 K	R7 (weiß)	Segment 6 Lichtleitanhänger
D3	Punkt in der Mitte	1 K	R4 (grün)	Segment 3 LLA
D4	Linie rechts	1 K	R3 (rot)	Segment 1 LLA
D5	Linie links	1 K	R6 (gelb)	Segment 2 LLA
D6	Spitze rechts	1 K	R2 (braun)	Segment 5 LLA
D7	Spitze links	1K	R5 (weiß)	Segment 4 LLA
D8..D13	Aufbaulichter 1..6	-		Aufbaulicht Masse
A0	Taster Kreuz	-		Taster gegen Masse
A1	Taster Pfeil links	-		Taster gegen Masse
A2	Taster Pfeil rechts	-		Taster gegen Masse
GND	Masse		Massepunkt (blau)	

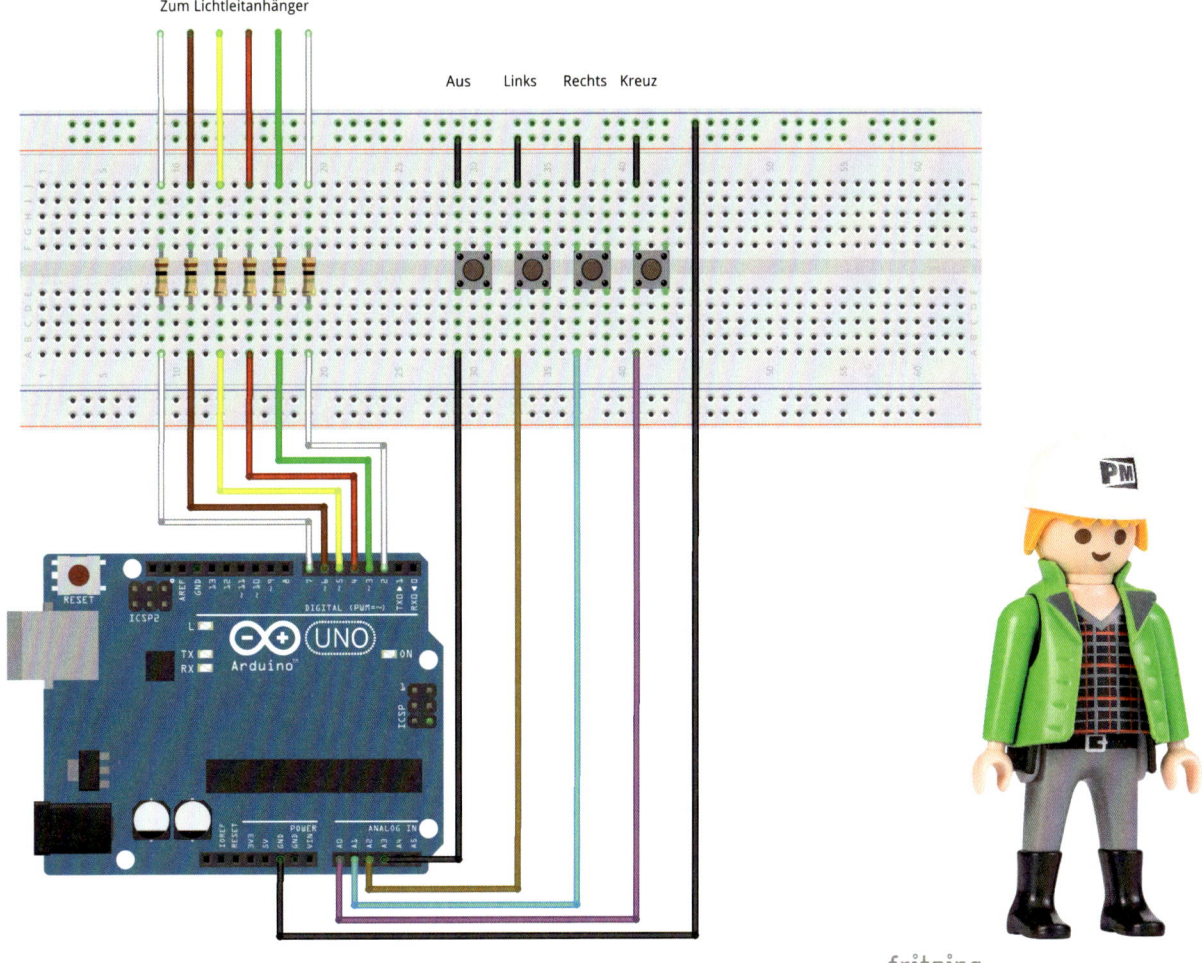

1.2.2 Programm für den Lichtleitanhänger

Programm-datei:
Lichtleit.ino

Das nachfolgende Programm ahmt die Originalelektronik nach, die im Leichtleitanhänger für die Steuerung bereits verwendet wird. Zusätzlich können bis zu sechs Aufbaulichter angeschlossen werden. Diese werden durchlaufend, ausgehend von dem Lichtbiltz, an/ausgeschaltet, sodass sich ein Lauflichteffekt ergibt.

Neben den Anschlüssen für die LEDs der Steuerungsplatine (Pins 2 bis 7) und den Aufbaulichtern (Pins 8 bis 13) werden vier Taster zur Steuerung verwendet. Dabei dient A0 dem Einschalten des Kreuzes, A1 schaltet den rechten Pfeil, A2 schaltet den linken Pfeil und A3 schaltet alles wieder aus.

```
018 #define BLITZER 2
019 #define PUNKT_MITTE 3
020 #define LINIE_RECHTS 4
021 #define LINIE_LINKS 5
022 #define SPITZE_RECHTS 6
023 #define SPITZE_LINKS 7
024
025 #define PFEIL_RECHTS ((1 << SPITZE_RECHTS) | (1 << LINIE_
                                  RECHTS) | (1 << PUNKT_MITTE))
026 #define PFEIL_LINKS ((1 << SPITZE_LINKS) | (1 << LINIE_LINKS)
                                  | (1 << PUNKT_MITTE))
027 #define KREUZ ((1 << LINIE_RECHTS) | (1 << LINIE_LINKS) | (1
                                  << PUNKT_MITTE))
028
029 // Port PB, Pins: 8..13
030 #define AUFBAU_LICHT_1 0
031 #define AUFBAU_LICHT_2 1
032 #define AUFBAU_LICHT_3 2
033 #define AUFBAU_LICHT_4 3
034 #define AUFBAU_LICHT_5 4
035 #define AUFBAU_LICHT_6 5
036
037 #define SW_KREUZ 14 //A0
038 #define SW_PFEIL_RECHTS 15 //A1
039 #define SW_PFEIL_LINKS 16 //A2
040 #define SW_OFF 17 //A3
041
042 enum MODE { OFF, MODE_KREUZ, MODE_PFEIL_LINKS, MODE_PFEIL_
                                  RECHTS };
043 MODE;
044
045 void setup() {
046   Serial.begin(9600);
047   DDRD = B11111110;
048   PORTD = 0;
```

Ab auf die Baustelle

```
049   DDRB = B11111111;
050   PORTB = 0;
051
052   pinMode(SW_KREUZ, INPUT_PULLUP);
053   pinMode(SW_PFEIL_RECHTS , INPUT_PULLUP);
054   pinMode(SW_PFEIL_LINKS, INPUT_PULLUP);
055   pinMode(SW_OFF, INPUT_PULLUP);
056   mode = OFF;
057 }
058
059 byte count = 0;
060 byte pos = 0;
061 byte aufbau = 0;
062
063 void loop() {
064   count++;
065   byte value = count % 20;
066   switch (mode) {
067     case MODE_KREUZ:
068       Serial.println("Kreuz");
069       break;
070     case MODE_PFEIL_LINKS:
071       Serial.println("Pfeil links");
072       break;
073     case MODE_PFEIL_RECHTS:
074       Serial.println("Pfeil rechts");
075       break;
076     default:
077       Serial.println("Off");
078       break;
079   }
080   if (digitalRead(SW_KREUZ) == 0) {
081     mode = MODE_KREUZ;
082     delay(100);
083   }
084   if (digitalRead(SW_PFEIL_RECHTS) == 0) {
085     mode = MODE_PFEIL_RECHTS;
086     delay(100);
087   }
088   if (digitalRead(SW_PFEIL_LINKS) == 0) {
089     mode = MODE_PFEIL_LINKS;
090     delay(100);
091   }
092   if (digitalRead(SW_OFF) == 0) {
093     mode = OFF;
094     delay(100);
095   }
096   if (value == 0) {
097     switch (mode) {
```

Debugausgaben erleichtern die Fehlersuche

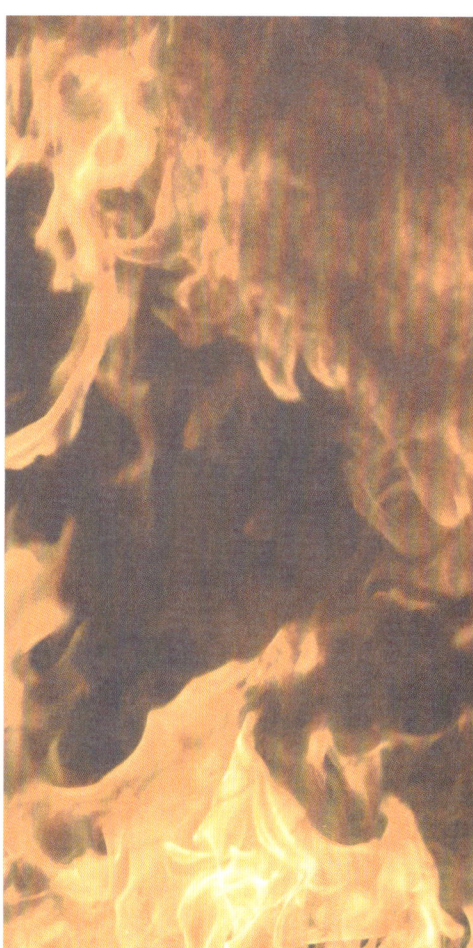

Auf Eingaben reagieren

```
098       case MODE_KREUZ:
099         Pfeil_links_aus();
100         Pfeil_rechts_aus();
101         Kreuz_ein();
102         break;
103       case MODE_PFEIL_LINKS:
104         Kreuz_aus();
105         Pfeil_rechts_aus();
106         Pfeil_links_ein();
107         break;
108       case MODE_PFEIL_RECHTS:
109         Kreuz_aus();
110         Pfeil_links_aus();
111         Pfeil_rechts_ein();
112         break;
113       default:
114         break;
115     }
116   }
117
118   if (value == 7) {
119     switch (mode) {
120       case MODE_KREUZ:
121         Kreuz_aus();
122         break;
123       case MODE_PFEIL_LINKS:
124         Pfeil_links_aus();
125         break;
126       case MODE_PFEIL_RECHTS:
127         Pfeil_rechts_aus();
128         break;
129       default:
130         Kreuz_aus();
131         Pfeil_links_aus();
132         Pfeil_rechts_aus();
133         break;
134     }
135     pos++;
136   }
137
138   if ((value > 7) && (value < 20)) {
139     if (value == 8) {
140       aufbau = 1;
141     } else if ((value % 2) == 0) {
142       aufbau = aufbau << 1;
143     }
144     if (value == 19) {
145       aufbau = 0;
146     }
```

Ab auf die Baustelle

```
147      PORTB = aufbau;
148    }
149
150    if (mode == OFF) {
151      if (value == 5) {
152        Blitz_ein();
153      } else {
154        Blitz_aus();
155      }
156    } else {
157      if (value == 11) {
158        Blitz_ein();
159      } else {
160        Blitz_aus();
161      }
162    }
163    delay(100);
164 }
165
166 void Blitz_ein() {
167    byte value = PORTD | 1 << BLITZER;
168    PORTD = value;
169 }
170
171 void Blitz_aus() {
172    byte value = PORTD & ~(1 << BLITZER);
173    PORTD = value;
174 }
175
176 void Pfeil_rechts_ein() {
177    byte value = PORTD | PFEIL_RECHTS;
178    PORTD = value;
179 }
180
181 void Pfeil_rechts_aus() {
182    byte value = PORTD & ~PFEIL_RECHTS;
183    PORTD = value;
184 }
185
186 void Pfeil_links_ein() {
187    byte value = PORTD | PFEIL_LINKS;
188    PORTD = value;
189 }
190
191 void Pfeil_links_aus() {
192    byte value = PORTD & ~PFEIL_LINKS;
193    PORTD = value;
194 }
195
```

```
196  void Kreuz_ein() {
197    byte value = PORTD | KREUZ;
198    PORTD = value;
199  }
200
201  void Kreuz_aus() {
202    byte value = PORTD & ~KREUZ;
203    PORTD = value;
204  }
```

1.3 Den neuen Baukran noch besser machen

Der Baukran von Playmobil hat sich gegenüber der früheren Version deutlich verbessert. Bei dem alten Baukran war die Bedienung fest im Fußbereich des Kranes installiert, nun ist sie einer modernen IR-Fernbedienung gewichen. Man kann den neuen Kran bequem auch aus der Entfernung steuern, ohne sich auf den Boden begeben zu müssen.

Aber was könnte man noch verbessern?

Toll wäre es, wenn man anstatt der IR-Fernbedienung sein Smartphone benutzen könnte. Und hier kommt das Projekt RCArduino ins Spiel. Aber zunächst muss die vorhandene Elektronik etwas modifiziert werden. Für diejenigen, die noch die alte Version des Baukranes haben: In diesem Buch wird zwar die modernere Variante beschrieben, aber mit etwas Überlegen und Übung kann man die zweite Variante auch in das ältere Modell einbauen. Und schon ist auch dieser Kran fernsteuerbar. Doch nun zum Umbau.

1.3.1 Umbauvarianten als Entscheidungshilfe

Es gibt zwei Varianten zum Umbau. Gleich ist bei beiden der erste Teil. Die Elektronik ist ganz leicht zu öffnen.

❶ Batterien herausnehmen
Zunächst entfernt man die Batterien aus dem Batteriefach. Man sollte es wieder zuschrauben, sonst verliert man eventuell die kleine Sicherungsschraube.

❷ Träger entfernen
Danach entfernt man von der anderen Seite die vor den Schrauben stehenden Träger. Einfach etwas nach außen biegen, schon lösen sie sich vom Gehäuse.

Ab auf die Baustelle

❸ Kreuzschlitzschrauben entfernen

Danach muss man die beiden Kreuzschlitzschrauben entfernen. Dann kann man das Gehäuseteil mit dem Batteriehalter abziehen. Im Inneren sieht man nun die Elektronik.

1.3.2 Blick auf den Aufbau der Baukranelektronik

Die obere Platine ist die Empfangs- und Steuerungselektronik des Krans. Die untere kleinere Platine dient nur als Verteiler. Beide Platinen sind mit einem sechsadrigen Flachbandkabel verbunden. Hier laufen die zwei Anschlüsse pro Motor durch. Auf der oberen Elektronik sieht man etwas weiter links drei gleiche Bausteine. Diese Bausteine sind sogenannte Motortreiber, MX214B, die ein Digitalsignal in die entsprechenden Ströme für den Motor umsetzen. Im Baustein selbst sind zwei identische Sektionen enthalten, die zusammen eine sogenannte H-Brücke ergeben.

Der IC hat zwei Eingänge für die Steuerung und zwei Ausgänge für den Motor. Ist einer der Eingänge 0 und der andere Eingang 1, dreht der Motor in die entsprechende Richtung. Sind beide Eingänge 0 oder 1, geht die Brücke in einen hochohmigen Zustand, das heißt, alle Zweige sind gesperrt, es kann kein Strom fließen und der Motor bleibt stehen. In der im Kran verbauten Elektronik werden die Motoren mit konstanter Geschwindigkeit angesteuert. Anders ist das bei einer IR-Fernbedienung auch nicht möglich.

Die geöffnete Elektonik des Krans

Theoretisch könnte man auch die Geschwindigkeit der Motoren steuern, indem man einen der Eingänge der Brückenelektronik mit einem PWM-Signal speist und den anderen auf den entsprechenden Logikpegel setzt. Da nur die Pegeldifferenz der Eingänge über die Richtung bestimmt, muss man für eine korrekte Ansteuerung der Geschwindigkeit in der anderen Richtung das PWM-Signal umkehren.

Ein Beispiel: Dreht der Motor bei IA=1 und IB=0 rechts herum und wird ein PWM-Signal auf den Eingang A gegeben, wird bei einem PWM-Verhältnis von 25 % (z. B. wird bei einem 100-ms-Impuls alle 25 ms eine 1 ausgegeben und alle 75 ms eine 0) der Motor mit ungefähr 1/4 seiner Geschwindigkeit drehen. Wird IB=1 gesetzt, dreht der Motor sofort mit 3/4 seiner maximalen Geschwindigkeit in die andere Richtung, weil das inverse PWM-Signal zählt. Für das Durchschalten der Brücke sind die 75 ms des PWM-Signals ausschlaggebend. Das heißt, sollen die Geschwindigkeit und die Drehrichtung programmatisch bestimmt werden, muss darauf geachtet werden, dass nicht einfach nur das Signal IB umgekehrt wird, sondern dass auch das Signal IA entsprechend modifiziert wird.

Break before make

Am besten macht man sich einen alten Leitsatz der Elektronik zu eigen: »Break before make«. Das heißt, wenn man die Richtung umkehren möchte, muss man als ersten Schritt das PWM-Signal auf Kanal IA ausschalten. Dann wird als zweiter Schritt der neue Wert entsprechend der Richtung für IB gesetzt und IA wird gleichzeitig mit auf den gleichen Pegel gesetzt. Dadurch läuft der Motor nicht sofort an. Als dritter Schritt kann das PWM-Signal – ob invertiert oder nicht, hängt von der gewünschten Drehrichtung ab – wieder ausgegeben werden.

1.3.3 Variante 1: die kostengünstige

Für diese Variante verwenden Sie die bereits vorhandenen Motortreiber. Um die Motorsteuerung zu benutzen, müssen die entsprechenden Signale von der externen Elektronik in die Schaltung gegeben werden.

❶ Kabel an Pins löten

Dazu müssen Sie, wie schon im Lichtleitanhänger, dünne Kabel an die jeweiligen Pins der ICs löten.
IA ist Pin 6 und **IB ist Pin 7** auf dem IC.
Ein Problem dieser Variante ist, dass auch die Ausgänge des Fernsteuerungs-ICs mit einer externen Spannung (von unserem Fernsteuermodul) beaufschlagt werden. Das kann zur Zerstörung des ICs führen.

❷ Leiterbahnen durchtrennen

Deswegen muss man bei dieser Variante die Leiterbahnen zum Fernsteuer-IC durchtrennen. Der Nachteil dieser Variante ist natürlich, dass der Kran nicht mehr so einfach mit der IR-Fernbedienung gesteuert werden kann.

1.3.4 Variante 2: mit mehr Möglichkeiten

Obwohl etwas teurer, empfehle ich diese Variante. Statt die internen Motortreiber, verwenden Sie einfach eigene Motorsteuerungsplatinen. Diese gibt es auf Basis des L298N-Moduls für ein paar Euro bei diversen Onlinehändlern.

Jedes dieser Module enthält zwei komplette H-Brücken. Die Steuerung ist ähnlich wie bei dem oben bereits erwähnten MX214B. Ein Unterschied ist, dass es einen zusätzlichen Eingang EN gibt, mit dem die Brücke eingeschaltet werden kann. Dort kann man sinnvollerweise das PWM-Signal einspeisen. Diese Variante ist zwar etwas teurer, aber dafür reversibel. Sie können jederzeit einfach wieder die Fernbedienung und die eingebaute Elektronik verwenden. Sie müssen nur sicherstellen, dass nicht beide Elektroniken gleichzeitig aktiv sind.

Das L298-Modul

❶ Kabel anlöten

Auch hier müssen Sie wieder Kabel anlöten. Aber diesmal nicht an den Beinen der ICs, sondern Sie löten sechs Kabel direkt dort an, wo auch das Flachbandkabel an der unteren Platine angelötet ist. Immer zwei nebeneinanderliegende Kabel sind für einen Motor zuständig. Mit zwei der L298N-Module haben wir vier Brücken, können also vier Motoren steuern.

❷ Schaltkanal für Elekromagneten

Der Kran selbst hat nur drei Motoren: Kranoberteil drehen, Laufkatze hin- und herfahren und der Motor für das Seil. Somit bleibt eine Brücke übrig. Sie können damit einen weiteren Motor betreiben oder sie als Schaltkanal für z. B. ein Arbeitslicht oder einen kleinen Elektromagneten benutzen.

Kleine Magneten mit einem M3-Gewinde für einen Haken gibt es auch für ein paar Euro bei den üblichen Onlinehändlern. Jetzt kann man nicht nur Dinge an den Haken nehmen, sondern auch kleine Metallautos, Geldstücke oder andere Gegenstände aus Eisen hochheben – alles gesteuert über die Smartphone-Fernsteuerung. An dieser Stelle sollten Sie sich zunächst mit dem RCArduino-Projekt vertraut machen.

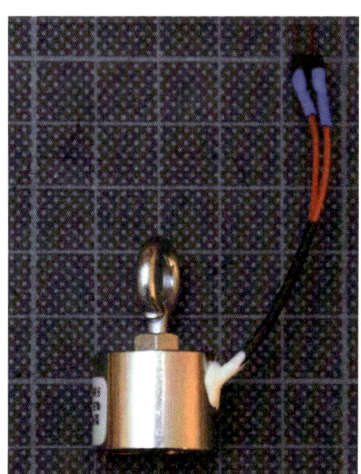

Kleiner Elektromagnet mit M3-Gewinde

❸ Motorkabel mit Brücken verbinden

Verbinden Sie die jeweils zwei Kabel der Motoren mit den Ausgängen der jeweiligen Brücken. Der Arduino steuert mit insgesamt acht Ausgängen die Eingänge der Module, z. B.:

Arduino-Pin	Eingangspin L298-Module 1	Arduino-Pin	Eingangspin L298-Module 2
D2	IN 1	D6	EN A
D3	EN A	D11	IN 1
D4	IN 2	D12	IN 2
D5	EN B	D14 (A0)	IN 3
D7	IN 3	D15 (A1)	IN 4
D10	IN 4	D16 (A2)	EN B

Vorsicht! Motortreiber
Legen Sie bei angeschlossenen L298N-Modulen keine Batterien in den Batteriekasten für den Kran. Dies könnte die Motortreiber, zuerst die MX214, des Krans zerstören. Immer nur eine Elektronik mit Strom versorgen.

Die EN-Eingänge liegen auf den drei übrigen PWM-Ausgängen. Die Ausgänge 9 und 10 können leider wegen der seriellen Schnittstelle zur Anbindung des ESP8266 nicht verwendet werden.

1.3.5 Funktionsweise der H-Brücke

Die H-Brücke ist eine Schaltung, die für die Steuerung von Gleichstrommotoren entwickelt wurde. Das Prinzip der H-Brücke ist einfach: Beteiligt sind insgesamt nur vier Transistoren, die man sich als Schalter vorstellen kann, und eine Steuerungslogik. Zunächst sind alle Schalter offen – bei Transistoren bezeichnet man das als gesperrt.

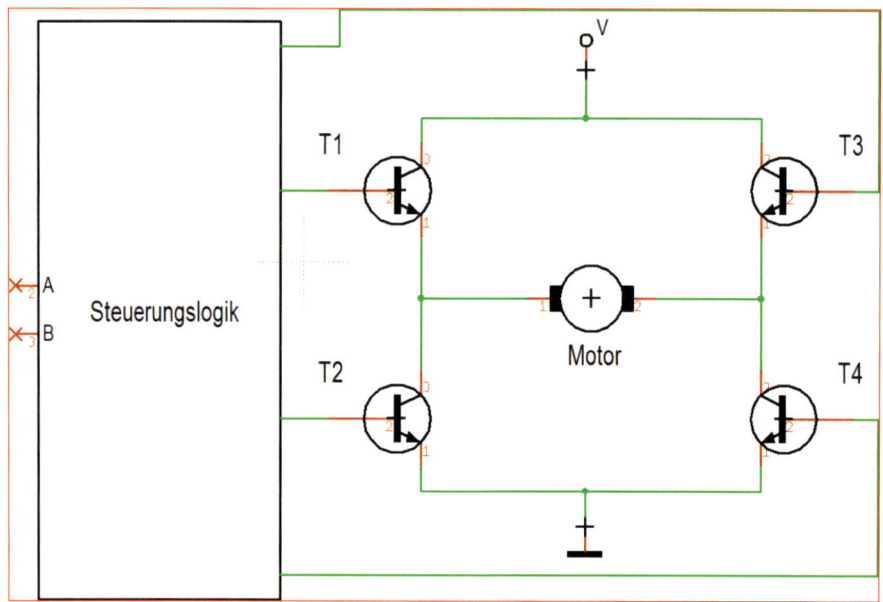

Prinzipschaltbild der H-Brücke

Werden die Transistoren T1 und T4 geschaltet, dreht sich der Motor in eine Richtung. Der Anschluss 1 des Motors liegt an der Versorgungsspannung und Anschluss 2 liegt auf Masse. Werden statt T1/T4 die Transistoren T2 und T3 geschaltet, dreht der Motor in die andere Richtung. Denn nun liegt Anschluss 2 des Motors auf Versorgungsspannungspotenzial und Anschluss 1 auf Masse.

Sind alle Transistoren gesperrt, kann der Motor sich frei drehen, sind aber z. B. T2 und T4 geschlossen, wird der Motor kurz geschlossen. Das nennt man Motorbremse, weil der Motor sich nur noch schwer drehen lässt. Die Bremswirkung ist umso höher, je schneller der Motor gedreht werden soll. Den gleichen Effekt hat man, wenn die Transistoren T1 und T3 geschlossen werden.

Man sieht aber schnell, dass die Transistoren T1 und T2 oder T3 und T4 niemals geschlossen werden dürfen, da damit die Versorgungsspannung kurzgeschlossen wird. Dafür ist die Steuerungslogik zuständig. Sie sorgt dafür, dass niemals T1/T2 oder T3/T4 gleichzeitig angesteuert werden. Die Steuerung ist je nach Hersteller anders aufgebaut. Es gibt Bausteine, die mit nur zwei Pins auskommen (Beispiel: der im Kran eingesetzte MX214B). Die Logik dahinter ist recht einfach; IA und IB sind die beiden Eingänge der Steuerungslogik, OA und OB die Ausgänge der beiden Brückenhälften.

IA	IB	OA	OB
L	L	Z	Z
H	H	Z	Z
L	H	Gnd	V+
H	L	V+	Gnd

MX214-Logikdiagramm

»Z« bedeutet, dass in der Brücke kein Transistor geschaltet ist, der Ausgang also hochohmig ist. Anhand dieser Tabelle kann man sehen, dass der MX214-Baustein keine Motorbremse unterstützt. Der L298 hat zwei vollständig gleiche H-Brücken integriert und hat pro Brücke drei Eingänge: I1, I2 und Enable.

Enable	I1	I2	O1	O2
L	X	X	Z	Z
H	L	L	Gnd	Gnd
H	H	H	V	V
H	H	L	V	Gnd
H	L	H	Gnd	V

L298-Logikdiagramm

Auch hier steht »Z« für hochohmig, in der Zeile 1 ist die Brücke somit komplett gesperrt und der Motor kann frei laufen. Zeile 2 und 3 sind die beiden Zustände für die Motorbremse, das heißt, hier wird der Motor kurzgeschlossen und somit gebremst. Zeile 4 und 5 sind die beiden Zustände, in denen der Motor sich dreht.

Bisher haben Sie nur die Schaltzustände betrachtet. Früher hat man tatsächlich mit Transistoren gearbeitet und auch z. B. die beiden oberen Transistoren nicht digital, sondern analog mit einer variablen Spannung versorgt. So konnte man die Geschwindigkeit der Motoren regeln. Nachteil dabei war die hohe Belastung der Transistoren.

Heute benutzt man statt bipolarer Transistoren Feldeffekt-Transistoren (FETs). Diese sind als Schalter deutlich besser geeignet, da sie sehr kleine Einschaltwiderstände ermöglichen und somit weniger Verlustleistung produzieren. Die Geschwindigkeitsregelung macht man heute so, dass man einen der beiden Eingänge mit einem PWM-Signal (Puls-Weiten-Moduliertes Signal) versorgt. Dadurch wird kein kontinuierlicher Strom auf den Motor geleitet, sondern nur mehr oder weniger lange Stromimpulse.

Je nach Impulslänge läuft der Motor mit unterschiedlicher Drehzahl. Bei kleinen Gleichstrommotoren muss man jedoch mit der Frequenz des PWM-Signales aufpassen. Ist die Frequenz zu niedrig – früher waren es einmal 50 Hz, da man diese Frequenz direkt aus der Versorgungsspannung ableiten konnte –, kann sie den Permanentmagneten des Motors beschädigen und entmagnetisieren. Heute verwendet man deutlich höhere Frequenzen. Selbst ein normaler Arduino arbeitet im Normalmodus schon mit 500 Hz.

Somit kann man mit einfachen Mitteln einen recht genauen Motorsteller bauen.

1.3.6 H-Brückenteile als Schalter verwenden

Wenn man um die Zusammenhänge im Inneren des Bauteils weiß, kann man natürlich auch die beiden H-Brückenteile als einzelne Schalter verwenden. Das geht beim L298 allerdings deutlich besser als beim MX214. Denn beim MX214 können leider nicht beide Brücken gleichzeitig geschaltet werden. Beim L298 ist das durch den dritten Anschluss allerdings schon möglich. Die Last, in unserem Beispiel z. B. der Magnet oder eine Lampe, wird dann einfach nur mit einer Seite an einen Ausgang der Brücke angeschlossen. Die zweite Seite wird je nach Logik entweder direkt an die Versorgungsspannung oder direkt an die Masse angeschlossen.

Ab auf die Baustelle

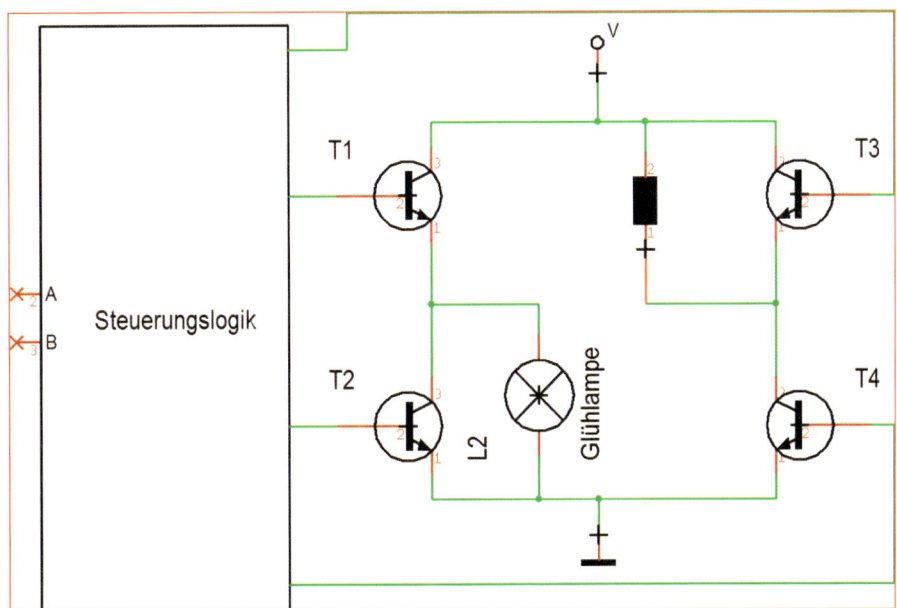

H-Brücke als Schalter

❶ Elektromagnet für den Kran

Bei einem großen Online-Versandhandel gibt es mittlerweile eine große Auswahl an kleinen Elektromagneten, die sich ideal für den Playmobilkran eignen. Die Wahl fiel auf einen Magneten mit 12 V Versorgungsspannung und 2,5 kg Haltekraft. Diesen Magneten gibt es auch mit verschiedenen anderen Spannungen, z. B. 9 V/5 kg/0,5 A, 6 V/5 kg/0,68 A oder in 5 V/5 kg/0,8 A. Auch wenn man die 12-V-Variante mit nur 5 V betreibt, ist genug Haltekraft vorhanden, um kleinere Metallgegenstände mit dem Kran hochziehen zu können.

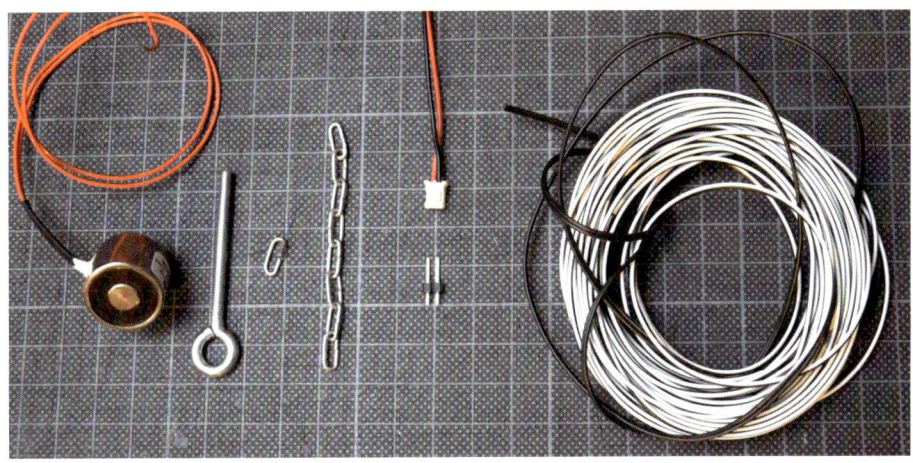

Elektromagnet und zusätzliches Material

Wenn Sie nur einen Kanal benötigen, können Sie den Magneten einfach an die beiden Anschlüsse des Moduls anschließen und sogar die Haltekraft des Magneten vorwählen.

Wenn Sie eine weitere Funktion mit der zweiten Brückenhälfte schalten möchten, müssen Sie ein Kabel des Magneten mit dem freien Kanal (z. B. mit dem Out B des zweiten L298-Moduls) verbinden. Das andere Kabel wird direkt mit dem Pluspol unserer Spannungsversorgung verbunden. Soweit die Theorie und der Aufbau auf Ihrem Schreibtisch.

❷ **Kabel für die Stromversorgung**
In der Praxis müssen Sie beim Einbau in den Kran eine weitere Hürde überwinden. Sie benötigen ein ca. 1 m langes zweiadriges Kabel, um den Magneten am Kran mit Strom zu versorgen. Dieses Kabel muss natürlich irgendwie an den Magneten, der an dem Haken des Kranes hängt, angeschlossen werden. Am besten bringen Sie das Kabel so an dem Kran an, dass es weder eine große Schlaufe bildet, die am Boden hängen bleibt, noch die Funktion des Krans beeinträchtigt.

❸ **Kabel zur Laufkatze bringen**
Um das Kabel von der Elektronikbox zur Katze zu bringen, ist das bereits vorhandene Kabel für die Laufkatze gut geeignet. An diesem können Sie Ihr Kabel mit kleinen Kabelbindern befestigen und falls die Schlaufen zu sehr stören, können Sie das Kabel mit schwarzem Nähgarn an dem bereits vorhandenen Kabel befestigen. So haben Sie das Kabel erst einmal bis zur Laufkatze gebracht.

❹ **Kabel zum Haken führen**
Nun muss das Kabel herunter bis zum Haken. Hier ist etwas Kreativität gefragt. Dazu habe ich zunächst das komplette 70 cm lange Seil ausgefahren.

❺ **Kettenglied an Zuleitungskabel kleben**
Dann habe ich an das Magnet-Zuleitungskabel alle 15 cm ein Kettenglied aus einer Kette mit ovalem Querschnitt geklebt. Am besten funktioniert das, wenn man das Kettenglied zunächst etwas öffnet, sodass sowohl Kabel wie auch Seil durch die Lücke passen.

❻ **Schrumpfschlauch aufschrumpfen**
Dann an der Stelle auf dem Kabel, an der die Öse festgemacht werden soll, ein kurzes Stück Schrumpfschlauch aufschrumpfen.

❼ **Kettenglied einkleben**
Dort klebt man das Kabel mit Sekundenkleber oder einem Modellbaukleber von innen in das Kettenglied und lässt das Ganze trocknen.

Ab auf die Baustelle

8 Kettenglieder in Seil einklinken
Zuletzt klinkt man die Kettenglieder in das Seil ein und fährt alles mit dem Seilmotor hoch. Die Kettenglieder sollten vorsichtig wieder geschlossen werden, ansonsten kann es passieren, dass sich das Seil wieder ausklinkt.

9 Stecker an Kabelende löten
An das Ende des Kabels löten Sie einen kleinen 2-poligen Stecker. Das Gegenstück kommt an den Magneten. So kann man den Magneten, wenn nötig, einfach wieder abnehmen.

10 Magnet an Kranhaken anbringen
In dem Magneten ist am oberen Ende ein M3-Gewinde. In dieses können wir einen M3 O-Ring schrauben und damit den Magneten an dem Kranhaken befestigen.

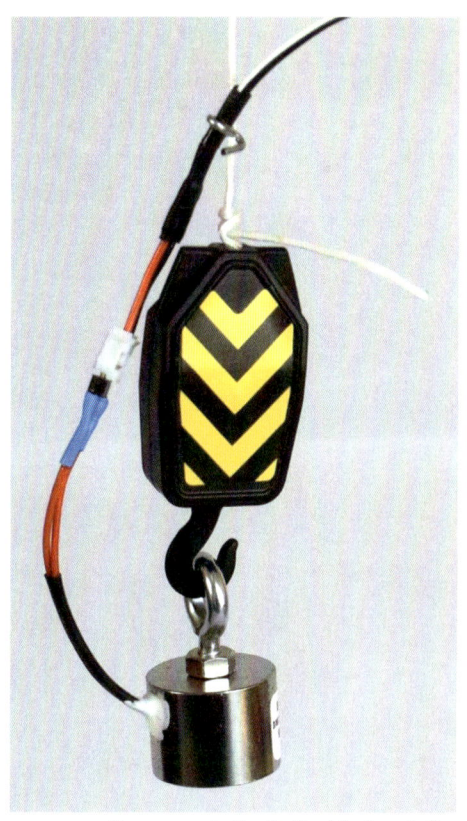

Kranmagnet, Ovalkettenklied an Seil mit Kabel

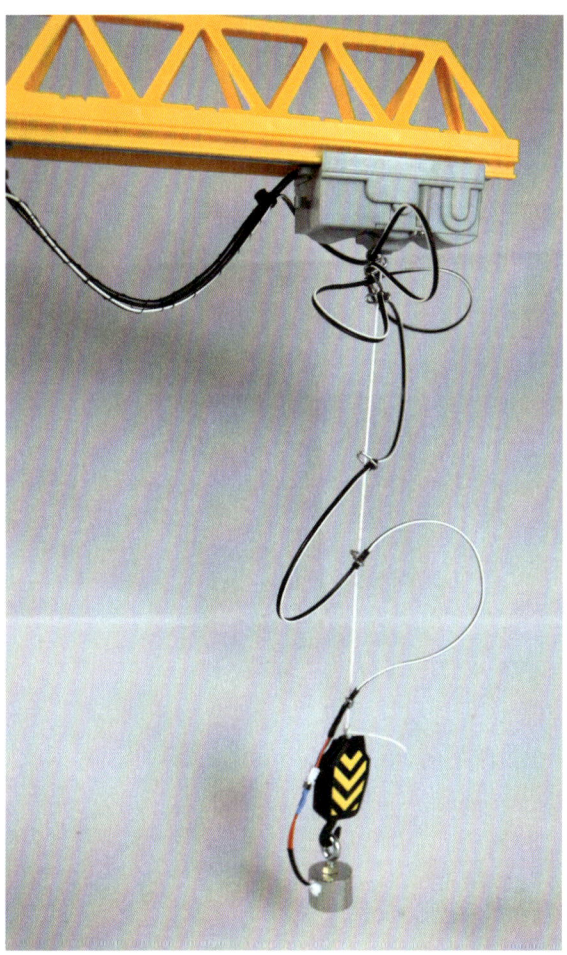

Fertiger Baukran mit Magnet und Nähgarn

KAPITEL 1

1.3.7 Das Programm Kran.ino

Programm-
datei:
Kran.ino

Das nachfolgende Programm Kran.ino dient der Steuerung des Playmobil-Baukrans mittels RCArduino-Fernsteuerung. Benötigt werden für die Funktion zwei L298-Module zur Steuerung der Motoren und des Magneten. Der Motor für die Drehung des Kranoberteils wird an die Pins 2, 4 und 3 angeschlossen. Der Motor der Katze wird über die Pins 7, 10, und 5 gesteuert. Der Seilmotor hat die Pins 11, 12 und 6. Der Magnet wird über Pin 14 gesteuert. EN wird per Steckbrücke festgesetzt. Die Steuerungsfunktionen der RCArduino-Fernsteuerung sind folgende: Kanal 1 steuert die Drehfunktion, Kanal 2 steuert die Katze, Kanal 3 steuert das Seil und der Schalter 1 schaltet den Magneten.

```
019 #define debug
020 #include <debug.h>
021 #include <makros.h>
022 #include <RCArduinoESP8266.h>
023 #include <RCArduinoReceiver.h>
024 #include "L298.h"
025
026 #define MOTOR_DREH_IN1 2
027 #define MOTOR_DREH_IN2 4
028 #define MOTOR_DREH_ENA 3
029
030 #define MOTOR_KATZE_IN1 7
031 #define MOTOR_KATZE_IN2 10
032 #define MOTOR_KATZE_ENA 5
033
034 #define MOTOR_SEIL_IN1 11
035 #define MOTOR_SEIL_IN2 12
036 #define MOTOR_SEIL_ENA 6
037
038 #define SWITCH_MAGNET 14
039
040 #define RC_CHANNEL_DREH 1
041 #define RC_CHANNEL_KATZE 2
042 #define RC_CHANNEL_SEIL 4
043
044 #define RC_CHANNEL_MAGNET 1
045
046 RCArduinoESP8266 msgProxy;
047 RCArduinoReceiver receiver;
048 L298_Motor MotorDreh(MOTOR_DREH_IN1, MOTOR_DREH_IN2, MOTOR_
                                                       DREH_ENA);
049 L298_Motor MotorKatze(MOTOR_KATZE_IN1, MOTOR_KATZE_IN2,
                                                   MOTOR_KATZE_ENA);
050 L298_Motor MotorSeil(MOTOR_SEIL_IN1, MOTOR_SEIL_IN2, MOTOR_
                                                       SEIL_ENA);
```

Ab hier folgen Definition für die Software selber. Hier nur Änderungen vornehmen, wenn man sich sicher ist.

Ab auf die Baustelle

```
051 L298_Switch Magnet(SWITCH_MAGNET, true);
052
053 void setup() {
054   Serial.begin(115200);
055   Serial.println("Kran V 1.0");
056
057   msgProxy.begin();
058
059 }
060
061 void loop() {
062   // RC-Arduino-Erkennung
063   msgProxy.poll();
064   if (msgProxy.hasMessage()) {
065     byte msg[32];
066     msgProxy.getMessage(msg);
067     receiver.parseMessage(msg);
068     outputDreh();
069     outputKatze();
070     outputSeil();
071     outputMagnet();
072   }
073 }
074
075 int oldDreh = 0;
076 void outputDreh() {
077   word value = receiver.getAnalogChannel(RC_CHANNEL_DREH);
078   int pwm = map(value, 0, 4096, -255, 255);
079
080   if (oldDreh != pwm) {
081     if (between(pwm, -8, 8)) {
082       MotorDreh.brake();
083     } else {
084       if (pwm > 0) {
085         MotorDreh.direction(true);
086       } else {
087         MotorDreh.direction(false);
088       }
089       MotorDreh.speed(abs(pwm));
090     }
091     oldDreh = pwm;
092   }
093 }
094
095 int oldKatze = 0;
096 void outputKatze() {
097   word value = receiver.getAnalogChannel(RC_CHANNEL_KATZE);
098   int pwm = map(value, 0, 4096, -255, 255);
099
```

```
100    if (oldKatze != pwm) {
101      if (between(pwm, -8, 8)) {
102        MotorKatze.brake();
103      } else {
104        if (pwm > 0) {
105          MotorKatze.direction(true);
106        } else {
107          MotorKatze.direction(false);
108        }
109        MotorKatze.speed(abs(pwm));
110      }
111      oldKatze = pwm;
112    }
113  }
114
115  int oldSeil = 0;
116  void outputSeil() {
117    word value = receiver.getAnalogChannel(RC_CHANNEL_SEIL);
118    int pwm = map(value, 0, 4096, -255, 255);
119
120    if (oldSeil != pwm) {
121      if (between(pwm, -8, 8)) {
122        MotorSeil.brake();
123      } else {
124        if (pwm > 0) {
125          MotorSeil.direction(true);
126        } else {
127          MotorSeil.direction(false);
128        }
129        MotorSeil.speed(abs(pwm));
130      }
131      oldSeil = pwm;
132    }
133  }
134
135  void outputMagnet() {
136    bool value = receiver.getDigitalChannel(RC_CHANNEL_MAGNET);
137
138    if (value) {
139      Magnet.on();
140    } else {
141      Magnet.off();
142    }
143  }
```

Ab auf die Baustelle

LICHT AN

Porsche Carrera mit Lichtsteuerung

2.1 Lichtsteuerung für den Playmobil-Porsche   40

KAPITEL 2

Der Porsche von Playmobil (Produktnummer: 3911) ist einem Porsche 911 Carrera S nachempfunden und lässt auch das Herz von Erwachsenen höherschlagen. Neben dem Auto selbst sind ein zweiter Satz Felgen, eine zweite Schürze, ein Heckspoiler, ein Lichtmodul und ein Verkaufsstand dabei. Leider lässt sich das Model nicht fernsteuern. Und ein nachträglicher Einbau einer Fernbedienung inklusive Motoren und Lenkservo ist leider auch nicht ohne Weiteres möglich. Denn sowohl Vorder- wie Hinterachse sind als einzelne Räder fest in den Unterbau eingehängt. Ohne größere Fräs- und Umbauarbeiten ist da leider nichts zu machen.

2.1 Lichtsteuerung für den Playmobil-Porsche

Dennoch kann man den Porsche noch etwas attraktiver machen. Denn die Lichtelektronik ist doch sehr einfach gehalten. Im Prinzip kann man nur das Licht einschalten und die Instrumententafel beleuchten. Das Licht kommt aus LEDs und wird mittels Lichtleitstäben an die richtigen Stellen transportiert. Die Rückleuchten sind bezüglich der Helligkeit in Ordnung, allerdings ist die Lichtausbeute der Frontscheinwerfer doch recht mau. Blinker sucht man vergebens. Schön wäre es, könnte man zumindest den Eindruck eines fahrenden Autos vermitteln.

Der einem Porsche 911 Carrera S nachempfundene Playmobil-Porsche

Porsche Carrera mit Lichtsteuerung 41

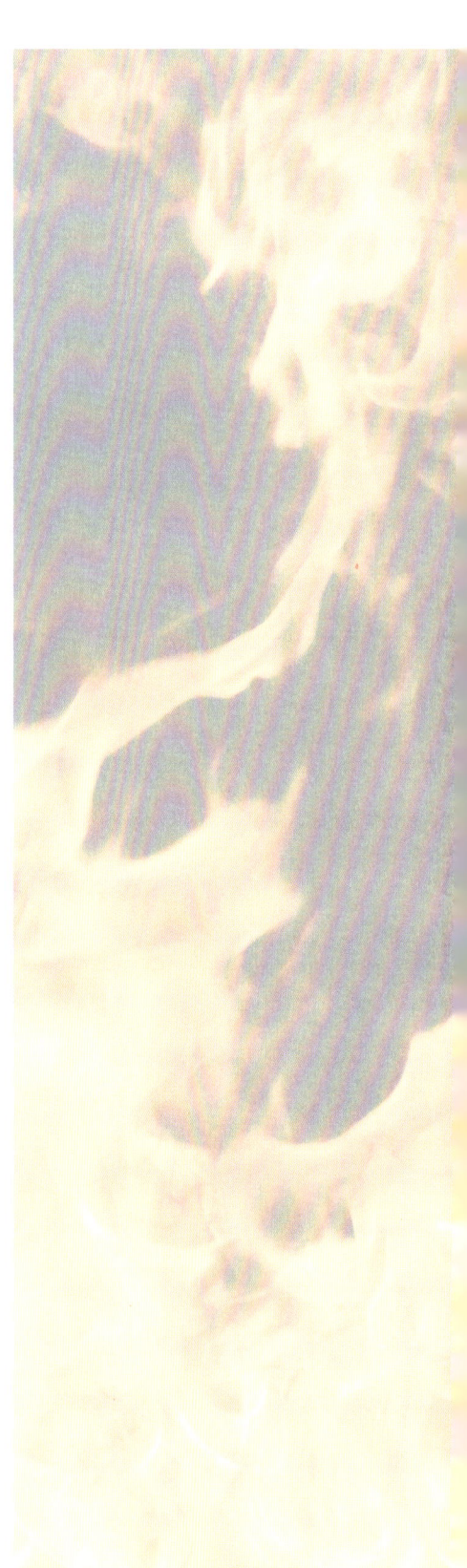

Um in den Porsche zumindest eine schöne Beleuchtung einzubauen, braucht es nicht viel. Um eine realistischere Wirkung zu erzielen, kann man die Beleuchtung auf direkte LEDs umstellen und dann per Fernbedienung steuern. Zusätzlich lassen sich dann auch Blinker einbauen.

Dazu benötigen Sie folgende zusätzliche Bauteile:

- 2 x LED weiß, 3 mm, für die Frontscheinwerfer
- 2 x LED gelb, 3 mm, als zusätzliche Blinker im Frontscheinwerfer
- 2 x LED gelb, 3 mm, als Blinker für die Heckleuchten
- 2 x LED rot, 3 mm extra hell, als Rückleuchten
- 1 x LED blau, 3 mm, als Beleuchtung für die Instrumententafel
- Zusätzlich kann man 4 x LED blau, 3 mm, als Unterbodenbeleuchtung einbauen.
- Arduino Nano
- Batteriebox
- Widerstände pro LED, 150 Ohm
- Optional: ESP8266-Modul für die Fernsteuerung

Diese Bauteileliste können Sie natürlich nach Ihren Wünschen erweitern. Die Anzahl der LEDs ist aber abhängig von der gewählten Elektronik. Ohne weitere Verstärker kann der Arduino maximal zwei LEDs pro Kanal und insgesamt zehn LEDs gleichzeitig zum Leuchten bringen. Das liegt daran, dass jeder Ausgang maximal mit 40 mA betrieben werden kann und der Gesamtstrom maximal 200 mA nicht überschreiten darf. Aber es sind ja nicht alle Leuchten gleichzeitig an. In diesem Fall werden z. B. die Blinker und die Bremsleuchten immer nur einzeln betätigt. Sonst würde man die Blinker nicht mehr erkennen.

2.1.1 Einbau der Beleuchtung

Im Gegensatz zu vielen anderen Playmobilfahrzeugen lässt sich der Porsche einfach öffnen, da er nicht geklipst, sondern geschraubt ist.

KAPITEL 2

Der auseinandergenommene Porsche

① Demontage des Fahrzeugs

Zunächst demontiert man Räder, Spoiler, Dach und Frontschürze. Dann löst man vier Schrauben auf der Unterseite des Fahrzeugs und trennt mit leichtem Druck das Oberteil vom Chassis. Jetzt kommen die verschiedenen Lichtleitmodule zum Vorschein.

Acrylteil Frontscheinwerfer

Porsche Carrera mit Lichtsteuerung

❷ Frontscheinwerfer ausbauen
Die Frontscheinwerfer sind aus einem Acrylteil gefertigt, das man einfach ausbauen kann. Eine runde Linse, wie bei Xenonscheinwerfern üblich, ist vorne bereits angedeutet.

❸ Angedeutete Linse aufbohren
Um unsere LEDs einzubauen, müssen Sie diese angedeutete Linse in der Mitte durchbohren. Wie bereits beschrieben, ist es am besten, wenn man die Bohrung schrittweise auf die entsprechende Größe aufbohrt. Die 3-mm-LEDs passen sich sehr gut an das Acrylteil an.

❹ Anschlüsse vorbereiten
Die Anschlüsse macht man genau wie bereits beschrieben. Man sollte jedoch den Lötansatz so kurz wie möglich machen und die Vorwiderstände eher ins Heck zu dem Mikrocontrollerboard verlagern.

❺ Blinker mit einkleben
Beim Original-Porsche sind die Blinklichter vorne zwischen Scheinwerfer und Schürze eingelassen. Das lässt sich nur schwer imitieren, deswegen habe ich die vorderen Blinker jeweils neben dem Hauptscheinwerfer mit in die Frontscheinwerfer eingeklebt. Bei den Heckleuchten lässt man den hinteren Teil so wie er ist.
Im Original befindet sich die Blinkleuchte wohl auch zwischen der oberen und unteren Reihe, was aber hier auch schwer zu integrieren ist. Ich habe deshalb einfach nur ein Stück des Acryls abgeschnitten, sodass dort so viel Platz ist, dass zwei LEDs mit 3 mm nebeneinander passen, und das Ganze an das Acrylteil geklebt.

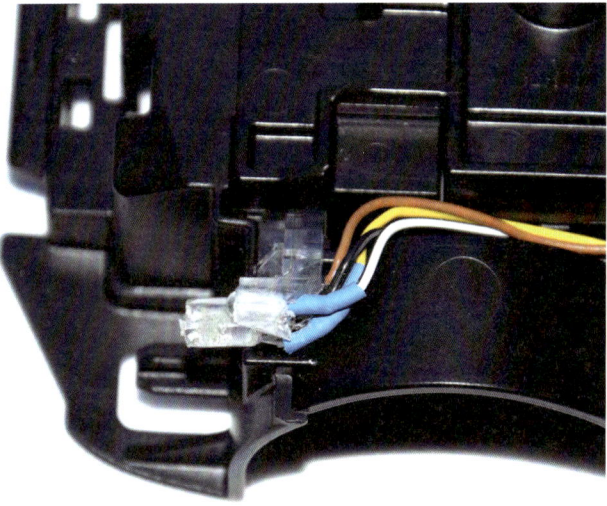
Der modifizierte Frontscheinwerferblock

❻ Software anpassen
In der Software sorge ich dafür, dass immer nur Rücklicht/Bremse oder Blinker eingeschaltet sind.

❼ Instumentenbeleuchtung anbringen
Die Instrumentenbeleuchtung ist bereits 2-teilig, so kann man einfach das überflüssige Teil entfernen und hat direkt eine Halterung für die LED.

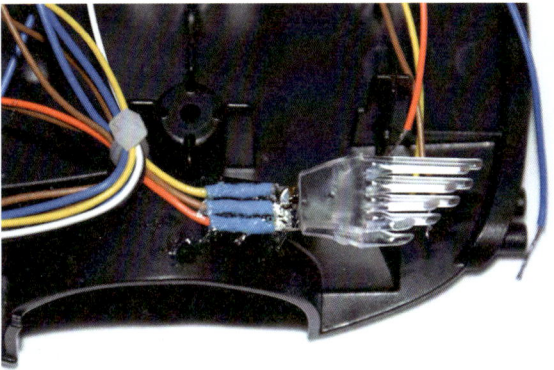
Rückleuchte

Instrumentenbeleuchtung

8 Unterbodenbeleuchtung aufbohren

Für die Unterbodenbeleuchtung sucht man sich pro Seite zwei passende Stellen und bohrt einfach 3-mm-Löcher für die LEDs hinein.

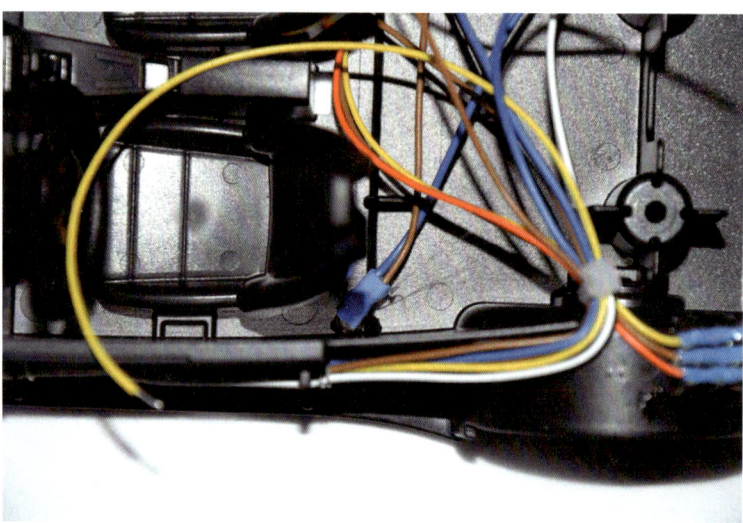

Unterbodenbeleuchtung

9 Kabel mit Arduino verbinden

Alle Kabel sollten bis in den Motorraum (hinten) reichen und werden dort mit dem Arduino verbunden. Ein normaler Arduino (Uno o. ä.) findet im Heck keinen Platz, vor allem nicht, wenn man das WLAN-Modul noch mit in das Fahrzeug bringen muss. Deswegen würde ich an dieser Stelle einen Arduino Nano empfehlen. Dieser ist deutlich kleiner und passt wunderbar in das Heck. Das WLAN-Modul sollte auch eher eines

Porsche Carrera mit Lichtsteuerung

der kleineren Sorte sein, z. B. ein ESP-01 oder ein ESP-03. Diese reichen für den Verwendungszweck völlig aus und sind extrem klein.

Pin Arduino-Board	Bedeutung	Anzahl der LEDs
2	Blinker rechts	2
3	Fahrlicht (PWM)	2
4	Blinker links	2
5	Rücklicht rechts (PWM)	1
6	Rücklicht links (PWM)	1
7	Innenbeleuchtung	1
11, 12	Unterbodenbeleuchtung	4

Pin-Zuordnung für das Arduino-Board

❿ Einbau der Elektronik
Die komplette Elektronik findet im Heck Platz. Die LEDs und Kabel können wie auf der Abbildung verlegt werden. Die LEDs werden wie im ersten Kapitel beschrieben vorbereitet.

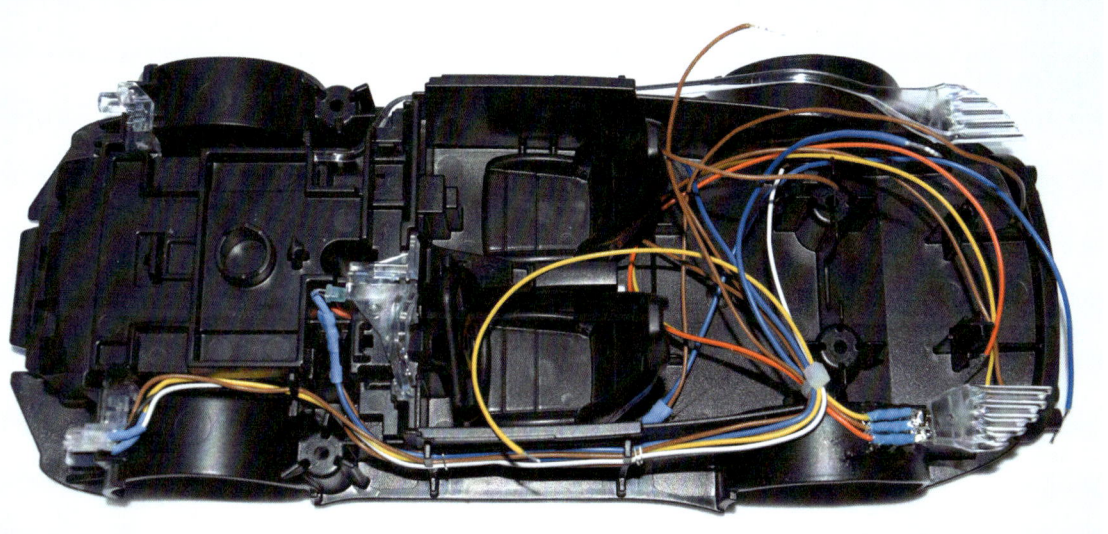

Montierte LEDs mit Kabel

⓫ Vorwiderstände aufbauen
Einzig die Vorwiderstände sollten nicht direkt an der LED, sondern auf einer eigenen Platine aufgebaut werden. Sie findet zusammen mit den anderen Komponenten im Heck Platz. Natürlich kann man die Vorwiderstände auch direkt an den Arduino Nano löten. Jede LED benötigt einen Vorwiderstand. Deswegen werden für die Blinker und die Unterbodenbeleuchtung jeweils zwei Widerstände an einem Pin benötigt.

Der Arduino kann an Strom insgesamt maximal 200 mA zur Verfügung stellen und pro Pin dürfen maximal 40 mA verbraucht werden. Das reicht für 10 LEDs. Sie können natürlich mehr LEDs anschließen, nur sollte dann das Programm sicherstellen, dass nicht mehr als 10 LEDs gleichzeitig leuchten.

Oder Sie verwenden einen Treiberbaustein wie z. B. den ULN2003. Dann können Sie mehr als 2 LEDs pro Kanal und insgesamt 7 Ausgänge mit einem Gesamtstrom von 1 A schalten. Im Folgeden sehen Sie ein Schaltbild für den ULN2003 mit den auf der Platine integrierten Vorwiderständen. Für 8 Kanäle können Sie den fast identischen ULN2008 verwenden.

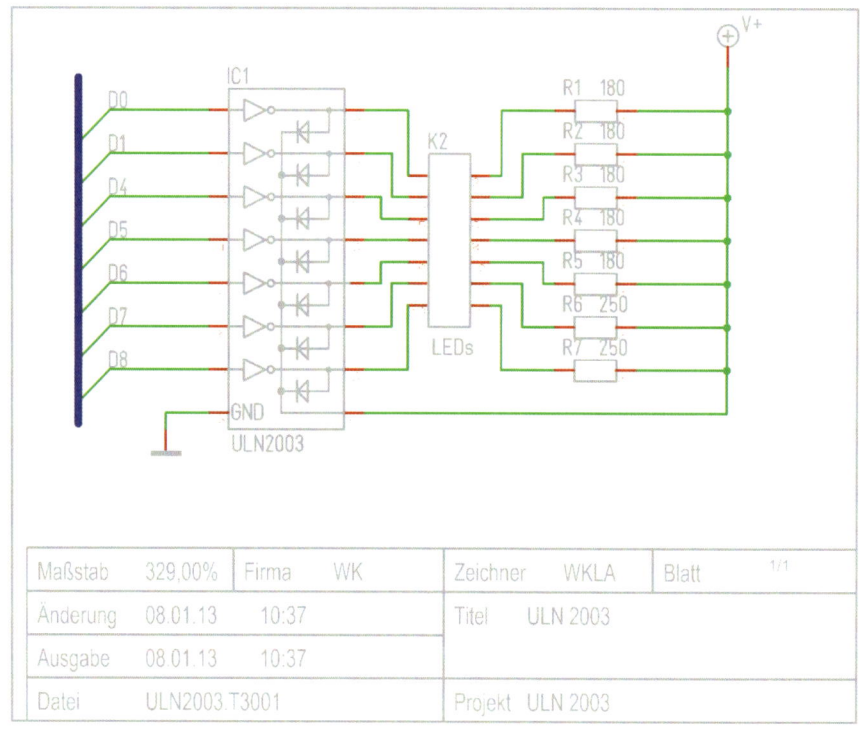

Schaltbild des ULN2003

Es wird langsam eng im Heck des Porsche. Ich bleibe zunächst bei der »Sparvariante«. Das nachfolgende Programm ist so gestaltet, dass es die entsprechenden Schaltvorgänge berücksichtigt. So werden bei normaler Fahrt die Rücklichter nur mit »halber Leistung« betrieben (PWM). Auch das Fahrlicht wird im Standlichtmodus mit nur 15 % betrieben.

Schaltet man die Blinker ein, werden, wenn die Blinker-LEDs eingeschaltet sind, automatisch die Rückleuchten ausgeschaltet. Das dient erstens dem bereits erwähnten Schutz vor zu viel Strom, aber auch der Sichtbarkeit des Blinkers. Denn in den Rückleuchten arbeiten, im Gegensatz zum Original, die Blinker im gleichen Glas.

Wenn Sie etwas weiter fortgeschritten sind, können Sie auch das bereits vorgestellte minimale Arduino-Board verwenden. Dort können Sie direkt die Vorwiderstände, eventuell den ULN-Treiber und das ESP8266-basierte WLAN-Modul zu einer Platine zusammenfassen.

2.1.2 Das Programm Porsche.ino

Das folgende Programm Porsche.ino ist die Lichtsteuerung für den Playmobil Porsche 911 GT3 . Die Signale werden vom RC-Arduino gelesen. Die Eingänge sind:

Programm-
datei:
Porsche.ino

A1	<45% Rückfahrscheinwerfer oder Bremse,
A2	45 .. 55% Blinker aus
S1	Standlicht
S2	Fahrlicht
S4	Innenraumbeleuchtung
S5	Unterboden
S6	Blinker links
S7	Warnblinker
S8	Blinker rechts

Die Ausgänge sind folgendermassen definiert:

D2	Blinker rechts
D3	Fahrlicht
D4	Blinker links
D5	Rück/Bremslicht rechts (PWM)
D6	Rück/Bremslicht links (PWM)
D7	Innenbeleuchtung
D10, D11	Unterboden

Die Blinker blinken mit ca. 1 Hz. Wird auf Rückwärts geschaltet, wird das Bremslicht aktiviert. Die PWM Kanäle (D3/D5/D6) haben mehrfache Bedeutung. Ist Standlicht aktiviert, leuchtet das Frontlicht mit ca. 15% Leistung, bei Fahrlicht bzw. Bremse jeweils mit 100%. Da die Rück-/Bremslichter in demselben Glas wie die Blinker leuchten, werden sie abgeschaltet sobald der Blinker eingeschaltet wird.

```
036 //#define debug
037 #include <debug.h>
038 #include <makros.h>
```

KAPITEL 2

Lichtstärke der Rücklichter (0..255)

Lichtstärke Standlicht (0..255)

Kanäle

Hier die Schranken

```
039 #include <RCArduinoESP8266.h>
040 #include <RCArduinoReceiver.h>
041
042 // PWM-Definitionen für Leistungen
043 const byte PWM_FULL = 255;
045 const byte PWM_HALF_HECK = 50;
047 const byte PWM_HALF_FRONT = 30;
048
050 const byte A_FAHRT = 1;
051 const byte A_STEUER = 4;
052
053 const byte SW_STAND = 1;
054 const byte SW_LICHT = 2;
055 const byte SW_INNEN = 4;
056 const byte SW_UNTER = 5;
057 const byte SW_BLK_LK = 6;
058 const byte SW_BLK_RE = 8;
059 const byte SW_WARN_BLK = 7;
060
061 // Ausgänge
062 const byte L_FAHRLICHT = 3; // PWM Kanal
063 const byte L_BLK_RE = 2;
064 const byte L_BLK_LK = 4;
065
066 const byte L_RUECKLICHT_RE = 5; // PWM Kanal
067 const byte L_RUECKLICHT_LK = 6; // PWM Kanal
068 const byte L_UNTERLICHT1 = 11;
069 const byte L_UNTERLICHT2 = 12;
070
071 const byte L_INNENLICHT = 7;
072
073 const byte LED = 13;
074
075 // Definition einiger Schranken für die RC-Erkennung
076 // Obere und untere Schranke der Nullpunkterkennung
077 // Werte höher als TOP und tiefer als BOTTOM werden als nicht
                                                    Null erkannt
078 const byte NP = 2048;
079 const byte NP_JIT = 50;
080 const byte NP_TOP = NP + NP_JIT;
081 const byte NP_BOTTOM = NP - NP_JIT;
082
084 const byte JIT_90 = 600;
085 const byte TOP = NP + JIT_90;
086 const byte BOTTOM = NP - JIT_90;
087
```

```
092 RCArduinoESP8266 msgProxy;
093 RCArduinoReceiver receiver;
094
095 void setup() {
096   // Kanäle auf Ausgang, und dann deaktivieren
097   pinMode(L_RUECKLICHT_RE, OUTPUT);
098   digitalWrite(L_RUECKLICHT_RE, LOW);
099   pinMode(L_RUECKLICHT_LK, OUTPUT);
100   digitalWrite(L_RUECKLICHT_LK, LOW);
101
102   pinMode(L_FAHRLICHT, OUTPUT);
103   digitalWrite(L_FAHRLICHT, LOW);
104
105   pinMode(L_BLK_RE, OUTPUT);
106   digitalWrite(L_BLK_RE, LOW);
107
108   pinMode(L_BLK_LK, OUTPUT);
109   digitalWrite(L_BLK_LK, LOW);
110
111   pinMode(L_UNTERLICHT1, OUTPUT);
112   digitalWrite(L_UNTERLICHT1, LOW);
113
114   pinMode(L_UNTERLICHT2, OUTPUT);
115   digitalWrite(L_UNTERLICHT2, LOW);
116
117   pinMode(L_INNENLICHT, OUTPUT);
118   digitalWrite(L_INNENLICHT, LOW);
119
120   pinMode(LED, OUTPUT);
121   digitalWrite(LED, LOW);
122
123   // RCArduino
124   initDebug();
125   Serial.begin(115200);
126   Serial.println("Porsche V1.0");
127
128   msgProxy.begin();
129 }
130
131 void loop() {
133   msgProxy.poll();
134   if (msgProxy.hasMessage()) {
135     byte msg[32];
136     msgProxy.getMessage(msg);
137     receiver.parseMessage(msg);
138   }
139   doHeadLights();
140   doBlinker();
141   doSwitches();
```

Ab hier folgen Definition für die Software selber. Hier nur Änderungen vornehmen, wenn man sich sicher ist.

RC-Arduino-Erkennung

KAPITEL 2

Möglicher Status des Fahrlichts

Rückfahrscheinwerfer oder doch nur Bremslichter?

Beleuchtung entsprechend dem Status setzen

```
142     dbgOutLn();
143     delay(10);
144   }
145
146   /*
147     Fahr- und Rücklichter auswerten.
148   */
149
151   enum HEADLIGHT {
152     NONE, STAND, DRIVE, BRAKE
153   };
154
155   HEADLIGHT headLightState = NONE;
156   boolean hasBrake = false;
157   byte lastDriveLight;
158
159   void doHeadLights() {
160     word rcValue = receiver.getAnalogChannel(A_FAHRT);
161     bool standlicht_ein = receiver.getDigitalChannel(SW_STAND);
162     bool licht_ein = receiver.getDigitalChannel(SW_LICHT);
163
164     if (licht_ein) {
165       dbgOut("l");
166       headLightState = DRIVE;
167     } else  if (standlicht_ein) {
168       dbgOut("s");
169       headLightState = STAND;
170     } else {
171       dbgOut("n");
172       headLightState = NONE;
173     }
174
175     dbgOut(rcValue);
176     if (rcValue < NP_BOTTOM) {
177       dbgOut("b");
179       headLightState = BRAKE;
180     }
181     showHeadLights();
182   }
183
187   void showHeadLights() {
188     dbgOut("H:");
189     dbgOut(headLightState);
190     switch (headLightState) {
191       case NONE:
192         analogWrite(L_FAHRLICHT, 0);
193         analogWrite(L_RUECKLICHT_RE, 0);
194         analogWrite(L_RUECKLICHT_LK, 0);
195         break;
```

Porsche Carrera mit Lichtsteuerung

```
196     case STAND:
197       analogWrite(L_FAHRLICHT, PWM_HALF_FRONT);
198       analogWrite(L_RUECKLICHT_RE, PWM_HALF_HECK);
199       analogWrite(L_RUECKLICHT_LK, PWM_HALF_HECK);
200       break;
201     case DRIVE:
202       analogWrite(L_FAHRLICHT, PWM_FULL);
203       analogWrite(L_RUECKLICHT_RE, PWM_HALF_HECK);
204       analogWrite(L_RUECKLICHT_LK, PWM_HALF_HECK);
205       break;
206     case BRAKE:
207       analogWrite(L_RUECKLICHT_RE, PWM_FULL);
208       analogWrite(L_RUECKLICHT_LK, PWM_FULL);
209       break;
210   }
211 }
212
216 enum BLINKERSTATE {
217   BL_RIGHT, BL_LEFT, BL_WARN, BL_NONE
218 };
219
220 BLINKERSTATE blinkerState = BL_NONE;
221
222 void doBlinker() {
223   byte rcValue = receiver.getAnalogChannel(A_STEUER);
224   bool warnblinkOn = receiver.getDigitalChannel(SW_WARN_BLK);
225   bool blinkLinks = receiver.getDigitalChannel(SW_BLK_LK);
226   bool blinkRechts = receiver.getDigitalChannel(SW_BLK_RE);
227   blinkerState = BL_NONE;
228   if (blinkLinks) {
229     blinkerState = BL_LEFT;
230   }
231   if (blinkRechts) {
232     blinkerState = BL_RIGHT;
233   }
234   if (warnblinkOn) {
235     // Warnblinker
236     blinkerState = BL_WARN;
237   }
238   //  if (between(rcValue, NP_BOTTOM, NP_TOP)) {
240   //blinkerState = NONE;
241   //  }
242   showBlinker();
243 }
244
248 void showBlinker() {
249   dbgOut(" B:");
250   dbgOut(blinkerState);
251   if (blinkerState == BL_NONE) {
```

Blinker auswerten

Möchten Sie auf den Blinker verzichten, müssen Sie `blinkerState` auf `NONE` setzen

Blinker anzeigen

```
252        dbgOut("O");
253        blink_rechts(false);
254        blink_links(false);
255      } else {
256 #ifdef BLINKER_TAUSCHEN)
257      if (blinkerState == BL_RIGHT) {
258        blinkerState = BL_LEFT;
259      } else if (blinkerState == BL_LEFT) {
260        blinkerState = BL_RIGHT;
261      }
262 #endif
263
264      unsigned long actualMillis = millis();
265      bool on = false;
266      if ((actualMillis % 1000) > 500) {
267        on = false;
268      } else {
269        on = true;
270      }
271      // Und wo soll geblinkt werden?
272      if (blinkerState == BL_WARN) {
273        dbgOut("W");
274        blink_links(on);
275        blink_rechts(on);
276      } else if (blinkerState == BL_RIGHT) {
277        dbgOut("R");
278        blink_rechts(on);
279      } else if (blinkerState == BL_LEFT) {
280        dbgOut("L");
281        blink_links(on);
282      }
283    }
284 }
285
286 void blink_links(bool on) {
287   digitalWrite(L_BLK_LK, on);
288   if (on) {
289     analogWrite(L_RUECKLICHT_LK, 0);
290   }
291 }
292
293 void blink_rechts(bool on) {
294   digitalWrite(L_BLK_RE, on);
295   if (on) {
296     analogWrite(L_RUECKLICHT_RE, 0);
297   }
298 }
299
300
301 void doSwitches() {
302   bool innenLED = receiver.getDigitalChannel(SW_INNEN);
```

Bestimmen, ob der Blinker an oder aus sein muss.

Sonstige Schalter auswerten

Porsche Carrera mit Lichtsteuerung

```
303    digitalWrite(L_INNENLICHT, innenLED);
304    bool unterbodenLED = receiver.getDigitalChannel(SW_UNTER);
305    digitalWrite(L_UNTERLICHT1, unterbodenLED);
306    digitalWrite(L_UNTERLICHT2, unterbodenLED);
307 }
```

3

TON AN

Bauernhof mit allem Drum und Dran

3.1	Beleuchtung und reale Soundkulisse	56
3.2	Mobiles Förderband für Strohballen	62
3.3	Stallampel als Einparkhilfe nutzen	64

KAPITEL 3

Der der Spielwelt Country zugehörige große Bauernhof (Produktnummer: 6120) von Playmobil hält einige tolle Modelle bereit. Der Hof selbst ist recht geräumig und es sind viele Gegenstände und Tiere dabei.

3.1 Beleuchtung und reale Soundkulisse

Aber auch den Bauernhof kann man mit kleineren Veränderungen noch aufwerten.

3.1.1 Installieren der Beleuchtung

Was wäre ein Bauernhof ohne Beleuchtung? Ein paar Lampen sind schon vorhanden, aber sie leuchten leider nicht. Aber man kann die Außenleuchte mit einer LED nachrüsten:

Die einzelnen Teile der Außenlampe

❶ 5-mm-LEDs als Außenleuchte
Für die Außenleuchte werden weiß leuchtende 5-mm-LEDs benutzt. Der Vorwiderstand für 5 V ist 150 Ohm. Wer noch etwas mehr Helligkeit wünscht, kann den Widerstand entsprechend verkleinern.

❷ Kreuz des Halters kürzen
Zum Einbau der LED wird das innere Kreuz des Halters um die Hälfte gekürzt.

❸ Löcher für Kabel bohren
Dann werden an zwei gegenüberliegenden Ecken kleine Löcher für jeweils ein Kabel gebohrt.

❹ Kabel an die LED löten
Die beiden Kabel werden direkt an die LED gelötet. Den Vorwiderstand der LED löten Sie bitte später, nachdem die Lampe montiert ist, an das andere Ende des Kabels, dort, wo der Stecker angeschraubt wird. Wenn Sie die LED auf den verbleibenden Stummel stecken, brauchen Sie keine Schrumpfschläuche über die Lötstellen zu schrumpfen.

❺ Kabel in das Gebäudeinnere legen
Nachdem Sie die Kabel an die LED gelötet haben, stecken Sie sie durch die beiden Löcher und führen sie entlang des Halters ins Innere des Bauernhofs.

❻ Puppenhausstecker anschrauben
Dort können Sie den LED-Vorwiderstand anlöten und einen Puppenhausstecker anschrauben.

Bauernhof mit allem Drum und Dran

Schreibtischlampe mit LED nachrüsten:

❶ Eine LED für die Schreibtischlampe

Auch eine Schreibtischlampe kann man mit einer LED ausstatten. Verwenden Sie eine weiße 3-mm-LED und, wenn möglich, extra dünne Kabel. Wenn vorhanden, können Sie auch Kabel von alten Ohrhörern verwenden. Sie sind meistens recht dünn. Man muss sehr vorsichtig beim Verlöten sein, da die Isolierung recht schnell schmilzt.

❷ Die LED rundherum etwas abfeilen

Da die Aufnahme des Lampenschirms etwas dünner ist als eine 3-mm-LED, müssen Sie die LED vorsichtig rundherum etwas abfeilen oder schleifen.

❸ LED-Pins und Kabel einführen

Dann knipsen Sie die originale Aufnahme bis an den Kragen ab und machen an dem übrig gebliebenen Rest links und rechts zwei kleine Schlitze, um dort die Pins der LED mit den angelöteten Kabeln hineinzuzwängen.

❹ LED am Lampenfuß festkleben

Als letzter Schritt wird die LED mit Modellbaukleber noch am Lampenfuß festgeklebt.

Wie schon bei den Aufbaulichtern der Baustelle vorgestellt, eignen sich die verbreiteten Stecker von Puppenhäusern auch hier als Stecker bzw. Stecksystem.

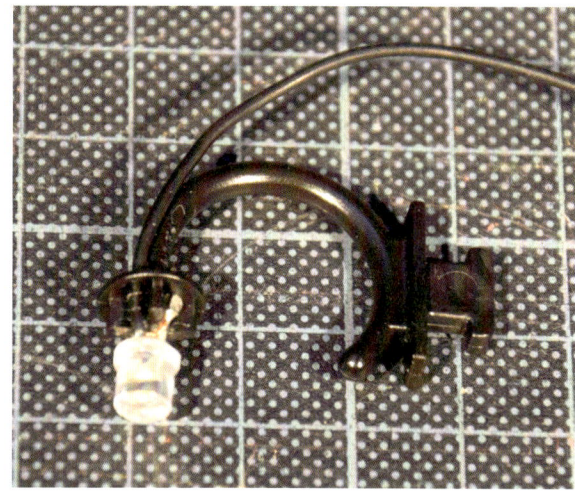

Oben das Original und unten die montierte Lampe

Die kleine grüne Schreibtischlampe wird beleuchtet.

3.1.2 Installieren des Soundmoduls

Um eine authentische Geräuschkulisse für den Bauernhof zu haben, benötigen Sie ein Soundmodul. Für diese Zwecke ist das MP3-TF-16P hervorragend geeignet. Auch dieses Modul gibt es bei diversen Internethändlern für weniger als 10 Euro.

Das Modul benötigt eine Versorgungsspannung von 3,3 V bis 5 V und spielt die auf einer Micro-SD-Karte gespeicherten Audiodateien ab. Man kann das Modul sowohl über Tasten wie auch über die eingebaute serielle Schnittstelle steuern. Das Modul kann sowohl MP3-Dateien als auch WMV-Dateien wiedergeben. Auf der SD-Karte dürfen bis zu 100 Ordner und darin jeweils bis zu 1000 Dateien vorhanden sein, die der folgenden Namenskonvention folgen müssen.

MP3-TF-16P auf Steckbrett montiert und für einen Test verkabelt

❶ Format für Verzeichnis- und Dateinamen
Der Verzeichnisname muss dem Format ## folgen (00 bis 99). Der Dateiname muss folgendermaßen aufgebaut sein: *###.mp3 oder ###.wmv*, wobei ### ebenfalls eine Nummer (von 000 bis 999) ist.

❷ Größe und Dateisystem der SD-Karte
Die benutze SD-Speicherkarte darf maximal 32 GB groß sein. Es wird sowohl das FAT-Dateisystem wie auch das FAT32-Dateisystem unterstützt.

❸ Länge der Sounddateien
Achten Sie darauf, dass die ausgewählten Sounddateien nicht zu lang sind. Zwar kann das Modul sie abspielen, aber das Modul kann immer nur eine Datei gleichzeitig wiedergeben. Wird eine neue Datei angewählt, wird die Wiedergabe der ersten Datei gestoppt.

❹ Mischen einer Audiokulisse
Wollen Sie eine komplette Audiokulisse zusammenstellen, sollten Sie sich selber eine Sounddatei zusammenmischen. Als einfaches Tool für das Schneiden und Zusammenfügen von Soundschnipseln empfehle ich Audacity. Dieses Programm kann MP3-Dateien aus verschiedenen anderen Dateiformaten erzeugen.

Bauernhof mit allem Drum und Dran

Die Abbildung zeigt eine beispielhafte Ordnerstruktur für die Wiedergabe.

❺ SD-Karte in das Modul legen

Legen Sie die Karte in das hier vorgestellte Modul. Das funktioniert genauso, wie man es von diversen anderen Geräten her kennt. Zunächst versuchen Sie den einfachen Anschluss nach folgendem Plan:

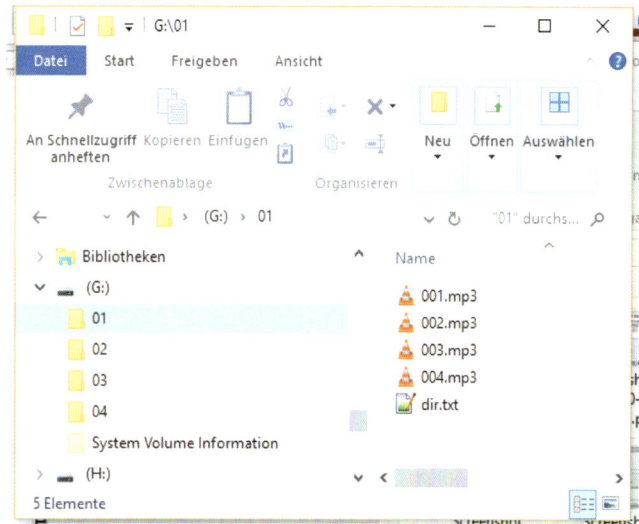

Ordnerstruktur im Windows Explorer

Einfacher Funktionstest MP3-TF-16P

❻ Abspielen einer Audiodatei

Drücken Sie auf die Play-Taste und schon sollte aus dem Lautsprecher die Audiodatei *001.mp3* aus dem Ordner *01* ertönen.

KAPITEL 3

> **Vorsicht!**
>
>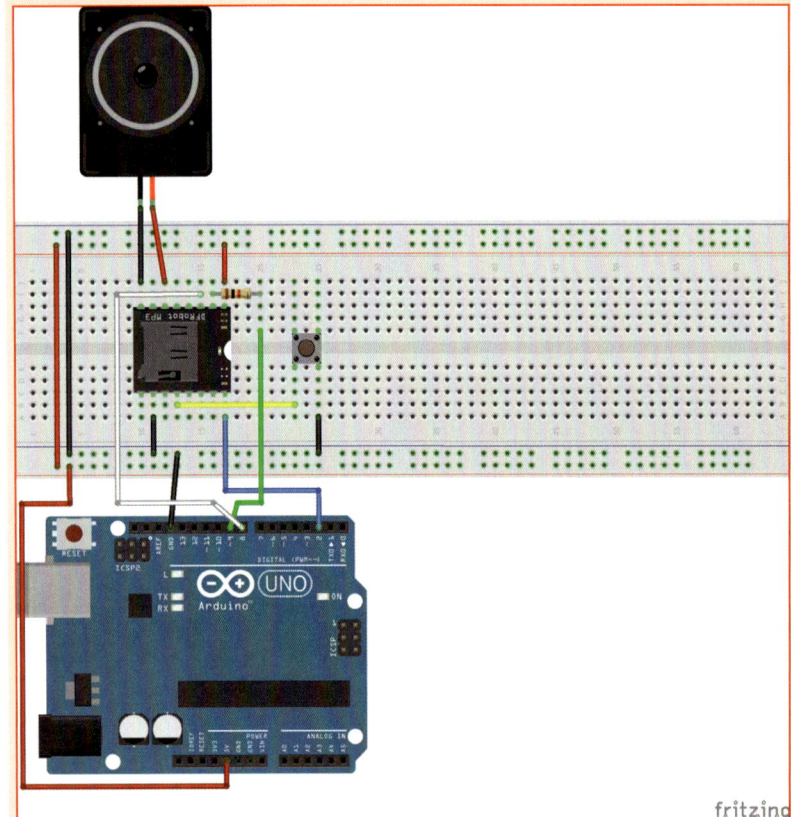
>
> Aufbau Arduino-MP3
>
> Dieses Modul arbeitet intern mit 3,3 V. Deshalb darf der Ausgang der seriellen Schnittstelle nur mit einem 1-KOhm-Widerstand an das Modul angeschlossen werden.

❼ Soundkulisse mit Zufallsgenerator

Eine schöne Kulisse ergibt sich, wenn man die verschiedenen Bauernhofgeräusche mithilfe eines Zufallsgenerators nacheinander abspielt. Weiter unten finden Sie ein kleines Programm zur Steuerung des Moduls. Das Modul wird mittels zweier Leitungen an den Arduino angeschlossen. Dazu wird in diesem Beispiel nicht der »normale« serielle Anschluss verwendet, da dieser für die Kommunikation mit dem PC benötigt wird, sondern die alternative serielle Bibliothek AltSoftSerial.

❽ Arduino bestimmt den Sound

Arduino-Pin 9 (AltSoftSerial-TX) geht mit einem Widerstand von 1 K in Serie an Pin 2 (RX) des Sound-Moduls. Arduino-Pin 2 wird direkt mit

Bauernhof mit allem Drum und Dran

Pin 16 (BUSY) verbunden. Darüber kann der Arduino bestimmen, ob gerade ein Sound abgespielt wird.

3.1.3 Das Programm BauernhofSound.ino

Das Programm beinhaltet neben dem eigentlichen Hauptprogramm zwei weitere Dateien (mp3TF.h und mp3TF.cpp), die die Ansteuerung des Soundmoduls übernehmen. Es sind Kopien der Soundbibliothek von lpatiny/legoino (4) mit einer kleinen Änderung, um die alternative serielle Bibliothek benutzen zu können.

Das Programm BauernhofSound.ino dient der Steuerung des MP3-TF-16P-Moduls mit verschiedenen Sounddateien. Das Modul wird über zwei Pins mit dem Arduino verbunden: Pin 9 (AltSoftSerial TX) geht über einen 1 kOhm Widerstand an den RX-Eingang des Moduls. Pin 2 dient der Rückmeldung, ob gerade eine Sounddatei abgespielt wird. Das Programm wählt per Zufall unter den verschiedenen Sounddateien eine aus und spielt sie ab.

```
013 #include <AltSoftSerial.h>
014 #include "mp3TF.h"
015
016 #define MAX_FOLDER 4
017 byte fileNumbers[] = {0, 4, 3, 5, 1};
018
019 mp3TF mp3tf = mp3TF ();
020
021 void setup() {
022   Serial.begin(115200);
023   pinMode(2, INPUT_PULLUP);
024   mp3tf.init ();
025 }
026
027 void loop() {
028   mp3tf.setVolume (16);
029   delay(200);
031   byte folder = random(5);
032   if (fileNumbers[folder] != 0) {
033     byte file = random(fileNumbers[folder]) + 1;
034     Serial.println();
035     Serial.print("p");
036     Serial.print(folder);
037     Serial.print(":");
038     Serial.print(file);
039     mp3tf.play (folder, file);
040     delay(1000);
```

Programmdatei:
BauernhofSound.ino

Ordner auswählen

```
041     while (digitalRead(2) == 0) {
042       Serial.print(".");
043       delay(100);
044     }
045   }
046 }
```

3.2 Mobiles Förderband für Strohballen

Das mobile Förderband (Produktnummer: 6132) ist beim Bauernhof eine super Ergänzung zur Scheune. »Gefördert« werden die beigelegten Strohballen. Aber auch für andere Playmobilteile funktioniert das Förderband gut.

3.2.1 Playmobilmotor als Antrieb verwenden

Neben der Kurbel als rein mechanischer Antrieb lässt sich der zusätzlich erhältliche Playmobilmotor (Produktnummer: 5556) als Antrieb verwenden.

Förderband mit Motor

1 Motor auf den Mitnehmer stecken
Dieser Motor wird anstatt der Handkurbel auf den Mitnehmer gesteckt. Man kann ihn mit der mitgelieferten Batteriebox betreiben.

2 Steuern mit der Playmobil-Fernbedienung
Den Motor kann man auch mithilfe der Fernbedienung (Produktbummer: 4856) betreiben. Dann wird der Motor dort eingesteckt, wo normalerweise der Antriebsmotor für die Räder eingesteckt wird.

3 Steuern mit der Arduino-Fernbedienung
Eine andere Variante ist die Benutzung der RCArduino-Fernsteuerung. Die dazu benötigten Teile finden Sie in Kapitel 1.3 beschrieben. Der Motor wird über das dort beschriebene L298-Modul betrieben. Sie können damit das Förderband vorwärts wie rückwärts steuern und sogar die Geschwindigkeit anpassen.

Im Folgenden ein kleines Programm für den Arduino, um das Förderband mit zwei Schaltkanälen zu bedienen. Dabei schaltet Kanal 1 den Motor ein bzw. aus und Kanal 2 bestimmt die Drehrichtung. Mithilfe einer Konstanten (`PWM_VALUE`) kann man im Programm die Geschwindigkeit vorbestimmen.

3.2.2 Das Programm Foerderband.ino

Das nachfolgende Programm Foerderband.ino dient der Steuerung des Förderbands mit einem L298-Modul. Das Modul wird über 3 Pins mit dem

Bauernhof mit allem Drum und Dran

Arduino verbunden. Auf der Fernbedienung dient Kanal 1 dem Ein-/Ausschalten, Kanal 2 der Richtungssteuerung. Um den Motor zu schonen, wird er bei jeder Drehrichtungsumkehr zunächst gebremst und eine kleine Pause von 500ms eingelegt. Erst dann wird der Motor in der anderen Richtung gestartet.

```
011 //#define debug
012 #include <debug.h>
013 #include <makros.h>
014 #include <RCArduinoESP8266.h>
015 #include <RCArduinoReceiver.h>
016 #include <L298.h>
017
018 #define MOTOR_DREH_IN1 2
019 #define MOTOR_DREH_IN2 4
020 #define MOTOR_DREH_ENA 3
021
022 #define RC_CHANNEL_ON 1
023 #define RC_CHANNEL_DIRECTION 2
024
025 #define PWM_VALUE 128
026 #define WAIT_TIME 500
031 RCArduinoESP8266 msgProxy;
032 RCArduinoReceiver receiver;
033
034 L298_Motor MotorDreh(MOTOR_DREH_IN1, MOTOR_DREH_IN2, MOTOR_
                                                    DREH_ENA);
035
036 void setup() {
037   initDebug();
038   Serial.begin(115200);
039   Serial.println("Foerderband V 1.0");
040   #ifdef debug
041   msgProxy.setDebug(true);
042   receiver.setDebug(true);
043   #endif
044   msgProxy.begin();
045 }
046
047 byte count = 0;
048 void loop() {
049   msgProxy.poll();
050   if (msgProxy.hasMessage()) {
051     byte msg[32];
052     msgProxy.getMessage(msg);
053     receiver.parseMessage(msg);
054     outputDreh();
055   }
```

> Ab hier folgen Definition für die Software selber. Hier nur Änderungen vornehmen, wenn man sich sicher ist.

```
056   delay(20);
057 }
058
059 bool oldDir = true;
060 void outputDreh() {
061     bool onValue = receiver.getDigitalChannel(RC_CHANNEL_ON);
062     bool dirValue = receiver.getDigitalChannel(RC_CHANNEL_
                                                           DIRECTION);
063
064     if (!onValue) {
065       MotorDreh.brake();
066       dbgOutLn("Stop");
067       delay(WAIT_TIME);
068     } else {
069       if (oldDir != dirValue) {
070         MotorDreh.brake();
071         dbgOutLn("Stop");
072         delay(WAIT_TIME);
073         oldDir = dirValue;
074       }
075       if (dirValue) {
076         MotorDreh.direction(true);
077         dbgOutLn("Right");
078       } else {
079         MotorDreh.direction(false);
080         dbgOutLn("Left");
081       }
082       MotorDreh.speed(PWM_VALUE);
083     }
084 }
```

3.3 Stallampel als Einparkhilfe nutzen

Große Landmaschinen in eine volle Scheune einzuparken kann auch für den geübten Landmann zum Problem werden. Wie gut, dass man da elektronisch helfen kann. Hier eine kleine Einparkhilfe, die mithilfe eines Ultraschallmoduls den Abstand zwischen Fahrzeug und Wand misst, auf einer Ampel sichtbar macht und durch einen kleinen Lautsprecher akustisch hörbar macht.

Bauernhof mit allem Drum und Dran

3.3.1 Abstandswarner und Einsatzmöglichkeiten

Das Prinzip ist das gleiche wie Sie es vom Abstandswarner im Auto kennen. Auch hier wird mithilfe von Ultraschall der Abstand zwischen Auto und Wand/Hindernis gemessen und dargestellt oder hörbar gemacht. Das hier vorgestellte Modul kann genauso in vielen anderen Bereichen verwendet werden. Zum Beispiel um festzustellen, ob eine Kuh bereits im Melkstand steht, um die Melkmaschine einzuschalten. Als kleine Anregung könnte man z. B. mit dem bereits vorgestellten MP3-Modul das Geräusch einer Melkmaschine und einer Kuh abspielen.

3.3.2 Elektronischer Versuchsaufbau vor dem Löten

Für die Elektronik braucht man einen Arduino (Uno, Nano), 3 LEDs in den Farben Rot, Gelb, Grün (mit passenden Vorwiderständen für 5 V, einen kleinen Lautsprecher (8 Ohm, 0,2 W) mit Vorwiderstand (ca. 220 Ohm) und ein HC-SR04-Ultraschallmodul.

Bevor Sie das Ganze auf einer Platine verlöten, sollten Sie einen Versuchsaufbau nach folgendem Schema aufbauen:

HC-SR04-Ultraschallmodul

Arduino-Pin	Beschreibung
D2	HC-SR04-Echo, hier wird der Echoimpuls ausgegeben und vom Arduino gemessen.
D3	HC-SR04-Trigger, mit diesem Pin wird der Ultraschallimpuls zur Messung ausgelöst.
D4	LED rot, mit Vorwiderstand, leuchtet bei einem Abstand < 2 cm.
D5	LED gelb, mit Vorwiderstand, leuchtet bei einem Abstand zwischen 2 cm und 5 cm.
D6	LED grün, mit Vorwiderstand, leuchtet bei einem Abstand > 5 cm.
D11	kleiner Lautsprecher mit Vorwiderstand
+ 5 V	HC-SR04-VCC-Pin, für die Stromversorgung des Ultraschallmoduls
GND	HC-SR04-GND-Pin 2, an alle Kathoden der LEDs bzw. dem Vorwiderstand und am Vorwiderstand des Lautsprechers

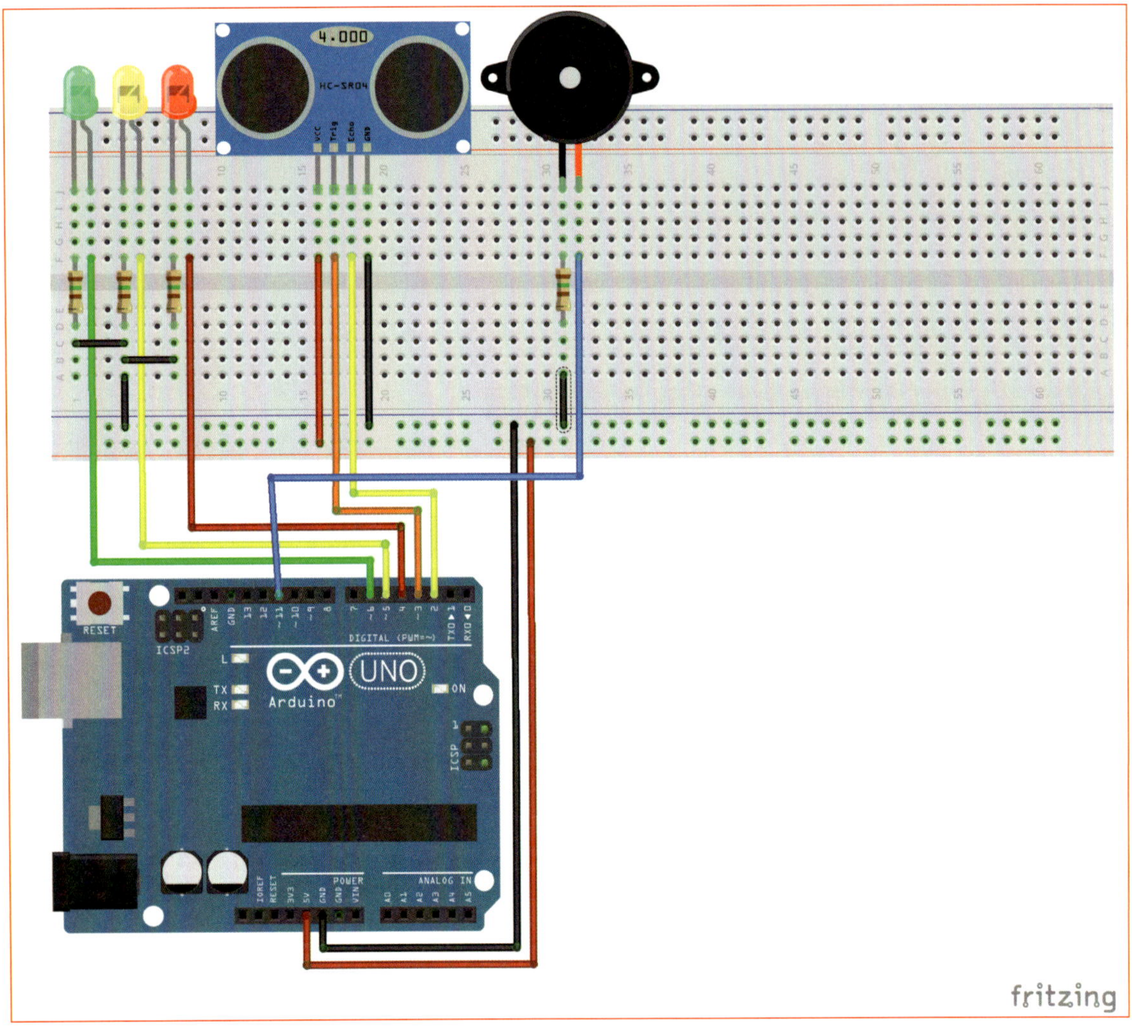

KAPITEL 3

Stallampel Steckplatine

3.3.3 Das Programm Stallampel.ino

Das Programm Stallampel.ino misst mit Hilfe des Ultraschallmoduls den Abstand zwischen dem Modul und einem Hindernis. Das Modul wird über zwei Pins mit dem Arduino verbunden. Der Abstand wird dann mit Hilfe einer Ampel aus drei LEDs optisch angezeigt, gleichzeitig wird ab einem gewissen Abstand ein Ton ausgegeben. Die Tonhöhe ist abhängig von dem Abstand. Je kleiner der Abstand, umso höher der Ton.

Programm-datei:
Stallampel.ino

```
011 //#define debug
012 #include <debug.h>
013 #include <makros.h>
```

Bauernhof mit allem Drum und Dran

```
014
015  // Pins für den HC-SR04
016  #define PIN_TRIGGER 3
017  #define PIN_ECHO 2
018  #define PIN_BEEPER 11
019  #define PIN_RED 4
020  #define PIN_YELLOW 5
021  #define PIN_GREEN 6
022
023  #define DISTANCE_GREEN 10
024  #define DISTANCE_YELLOW 5
025  #define DISTANCE_RED 2
026
027  void setup () {
028    Serial.begin (115200);
029
030    pinMode(PIN_TRIGGER, OUTPUT);
031    pinMode(PIN_ECHO, INPUT);
032    pinMode(PIN_RED, OUTPUT);
033    pinMode(PIN_YELLOW, OUTPUT);
034    pinMode(PIN_GREEN, OUTPUT);
035
036    Serial.println("Stallampel V1.0");
037  }
038
039  enum AMPEL { GREEN, YELLOW, RED};
040  AMPEL ampelState;
041
042  void loop() {
043    ampelState = GREEN;
044    // Ultraschall-Modul triggern
045    digitalWrite(PIN_TRIGGER, HIGH);
046    delayMicroseconds(1000);
047    digitalWrite(PIN_TRIGGER, LOW);
048
049    // und Echo lesen
050    long puls = pulseIn(PIN_ECHO, HIGH, 10000);
051
053    float distance = (puls / 2) / 29.1;
054
055    Serial.print(distance);
056    Serial.println(" cm");
057    if (distance <= DISTANCE_RED) {
058      ampelState = RED;
059    } else if (between(distance, DISTANCE_RED, DISTANCE_
                                                  YELLOW)) {
060      ampelState = YELLOW;
061    } else {
062      ampelState = GREEN;
```

Entfernung berechnen

KAPITEL 3

```
063    }
064
065    if (distance < 25) {
066      int pitch = map(distance, 0, 25, 30, 1000);
067
068      tone(PIN_BEEPER, pitch);
069    } else {
070      noTone(PIN_BEEPER);
071    }
072    showAmpel();
073    delay(100);
074 }
075
076 void showAmpel() {
077    digitalWrite(PIN_RED, ampelState == RED);
078    digitalWrite(PIN_YELLOW, ampelState == YELLOW);
079    digitalWrite(PIN_GREEN, ampelState == GREEN);
080 }
```

Bauernhof mit allem Drum und Dran

4

ES BRENNT

Mit der Feuerwehr im Einsatz

4.1	Feuer! Einen Brand simulieren	72
4.2	Alarm im Spritzenhaus!	76
4.3	Brandmeisterfahrzeug im Einsatz	83
4.4	Wasser marsch!	103

KAPITEL 4

Eine meiner Lieblingswelten bei Playmobil ist die Feuerwehr. Nicht nur, weil es dazu eine reichhaltige und, wie ich finde, besonders gelungene Ausstattung gibt. Auch dass man damit wirklich löschen kann, finde ich großartig. Aber auch diese Spielwelt kann man durch das eine oder andere aufgewertete Detail noch interessanter machen.

4.1 Feuer! Einen Brand simulieren

Was nützt die schönste Feuerwehrstation, wenn es nirgendwo brennt? Natürlich brauchen Sie kein Playmobil-Haus oder -Fahrzeug in Brand zu stecken. Stattdessen möchte ich Ihnen zeigen, wie Sie mithilfe von ein paar einfachen LEDs ein Feuer simulieren können. Dazu benötigen Sie ein paar RGB-LEDs vom Typ WS2812B.

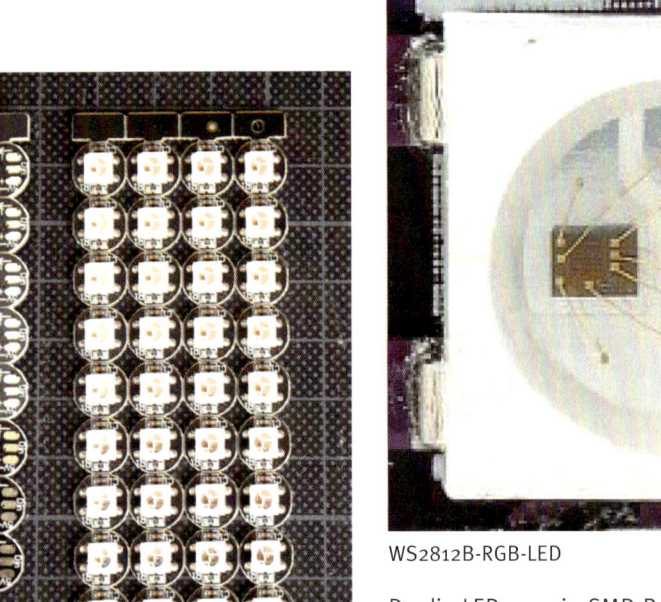

WS2812B-RGB-LED

Da die LEDs nur in SMD-Bauweise angeboten werden, empfehle ich, für den Selbstbau bereits fertige Module zu verwenden. Diese Module gibt es mit einer LED oder gleich mit mehreren LEDs als Kette. Diese Ketten werden wiederum in verschiedenen Formen angeboten. Quadrate, Leisten, Kreise, es gibt eine Vielzahl von verschiedenen Formen. Für den hier beschriebenen Effekt eignen sich Leisten am besten.

WS2812B-Leiste mit einzelnen LEDs

Mit der Feuerwehr im Einsatz

4.1.1 Lichtintensitäten und -farben

Das Feuer wird durch wechselnde Lichtintensitäten und Farben der einzelnen LEDs simuliert. Den besten Effekt erreicht man, wenn die LEDs eine weiße durchscheinende Wand, z. B. Pergamentpapier oder feines Druckerpapier, anleuchten.

❶ Fenster mit Pergamentpapier bekleben
Wenn Sie also ein Haus brennen lassen wollen, kleben Sie hinter die Fenster und die Tür Pergamentpapier und befestigen hinter diesem Papier die LED-Kette.

❷ Ansteuerung der LEDs
Die LEDs selbst können 16,7 Millionen Farben darstellen, jede LED enthält eine rote, grüne und blaue LED. Diese LEDs können in 255 verschiedenen Intensitäten leuchten. Die Ansteuerung erfolgt über ein serielles Protokoll. Dazu wird einzig ein Pin benötigt. Auf der Datenleitung folgen mit 800 kbit zunächst das Byte für die grüne, dann für die rote und zuletzt für die blaue LED. Folgen weitere Daten, werden sie einfach an dem Ausgang der LED weitergeleitet und stehen somit den nachfolgenden LEDs zu Verfügung.

> **Wichtig!**
> GND (Ground, Masse) muss sowohl am Arduino-Board wie auch an der Stromversorgung angeschlossen werden.

❸ Mehre Lichtketten betreiben
Durch dieses Durchreichprinzip kann man auf einfache Weise viele LEDs in einer Kette zusammen betreiben und dabei jede einzelne LED steuern.

❹ Stromverbrauch im Auge behalten
Zu beachten ist jedoch der Stromverbrauch einer solchen Kette. Er liegt bei voller Leuchtstärke in der Farbe Weiß bei etwas mehr als 60 mA pro LED. Achten Sie darauf, dass Sie die LEDs mit genügend Strom versorgen. Bis zu acht LEDs (ca. 500 mA) können Sie mit dem Arduino versorgen. Der Strom stammt nicht aus einem Pin des Mikrocontrollers, sondern wird über die interne Spannungsversorgung des Boards bereitgestellt.

❺ Externe Stromversorgung für mehr LEDs
Wenn Sie mehr LEDs benötigen, müssen Sie eine externe Stromversorgung vorsehen. Verbinden Sie +5 V und GND mit der neuen Stromversorgung, der Dateneingang und ebenfalls GND bleiben weiterhin mit dem Arduino verbunden.

❻ Ein Blockkondensator pro LED
Eine 100er-Kette benötigt schon mal bis zu 6 A (bei voller Helligkeit in Weiß). Normalerweise muss pro LED ein Blockkondensator vorgesehen

werden, er ist bei Verwendung der üblichen Module bereits integriert. Wenn Sie Ihre LED-Ketten selber aufbauen, müssen Sie diesen Kondensator in Ihrer Schaltung vorsehen.

❼ Farben der LEDs verändern

Bei der vorgegebenen Datenfrequenz ist die Änderungsrate der LEDs natürlich begrenzt. Will man die Farben der LEDs mit 50 Hz verändern, um zum Beispiel bewegte Bilder flüssig ablaufen zu lassen, dürfen maximal 666 LEDs in einer Kette zusammengeschaltet werden. Denn das Datenpaket aller LEDs braucht lange, bis auch die letzte LED die neuen Farbwerte erhalten hat.

❽ Steuern per Adafruit-Bibliothek

Wenn Sie einen Arduino zur Steuerung verwenden, können Sie aus den verschiedensten Bibliotheken auswählen. Ich verwende für meine Steuerungen gerne die Bibliothek von Adafruit (9). Sie ist im Gegensatz zu anderen Bibliotheken auf die WS2812b-LED spezialisiert. Zur Anbindung benötigen Sie deshalb nur diese eine Bibliothek.

4.1.2 Das Programm Feuer.ino

Das hier abgedruckte Programm Feuer.ino steuert eine LED-Kette mit sieben LEDs.

📥 **Programm-datei:**
Feuer.ino

```
001 #include "Adafruit_NeoPixel.h"
002
004 #define NUM_LEDS 7
005
007 #define DATA_PIN 11
008
010 Adafruit_NeoPixel pixels = Adafruit_NeoPixel(NUM_LEDS, DATA_
                                    PIN, NEO_GRB + NEO_KHZ800);
011
012 void setup() {
014   Serial.begin(9600);
016   pixels.begin();
018   Serial.println("Feuer V0.1");
019   clear();
020
021   randomSeed(analogRead(0));
022 }
023
024 byte redValue[NUM_LEDS];
025
026 void loop() {
027   for (byte i = 0; i < NUM_LEDS; i++) {
```

- Anzahl der LEDs
- Datenpin der LEDs
- Initialisieren der WS2812b
- Initialisieren der seriellen Verbindung zum Host
- NeoPixel-Bibliothek starten
- Willkommensmeldung ausgeben

```
028     if (redValue[i] > random(256)) {
029       redValue[i] -= random(50); //
030     } else {
031       redValue[i] += random(25);
032     }
033
034     setLED(i, pixels.Color(redValue[i], 0, 0));
035   }
036   setLED(3, pixels.Color(128, 32, 0));
037   pixels.show();
038   delay(80);
039 }
040
042 void setLED(byte index, uint32_t color) {
043   index = index % NUM_LEDS;
044   pixels.setPixelColor(index, color);
045 }
046
048 void clear() {
049   for (int i = 0; i < NUM_LEDS; i++) {
050     setLED(i, pixels.Color(0, 0, 0));
051   }
052   pixels.show();
053 }
```

Eine LED auf eine bestimmte Farbe setzen

Alle Farben löschen

Arduino Nano mit NeoPixel Jewel.

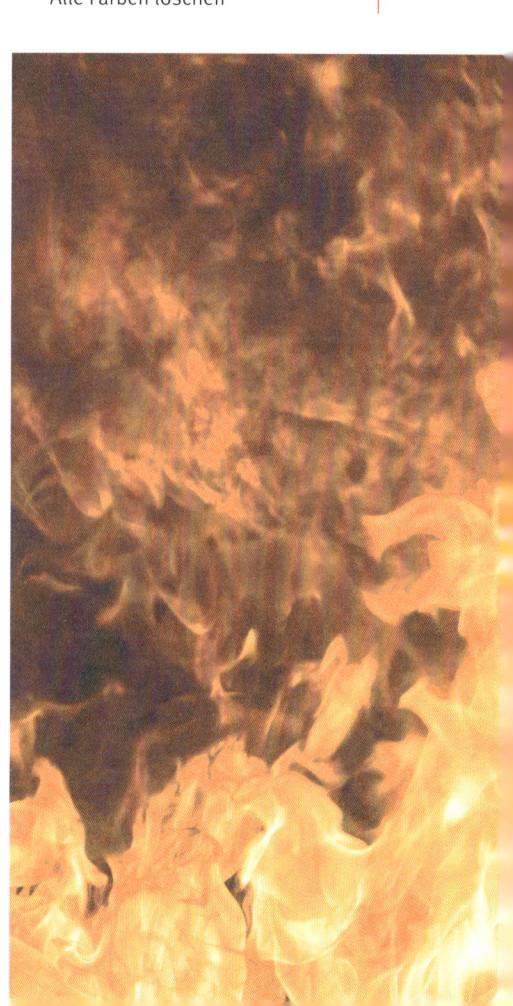

4.2 Alarm im Spritzenhaus!

Was wäre die Feuerwehr ohne einen echten Alarm im Spritzenhaus? Die Feuerwehrstation (Produktnummer: 5361) bietet genügend Platz, um einiges einzubauen.

4.2.1 Sirene und Alarmlichter

Zur Feuerwehr gehören zum Beispiel eine vernünftige Sirene und ein entsprechendes Alarmlicht.

❶ Lautsprecher anschließen
Für die Sirene können Sie einfach mal einen Lautsprecher mit 220 Ohm Widerstand in Serie an einen Pin des Arduino anschließen. Das reicht für einen kleinen, fiesen Ton.

❷ Soundausgabe über MP3-Modul
Will man aber eine echte Sirene oder Glocke erklingen lassen, lohnt sich die Ausgabe für ein MP3-Modul, wie es bereits weiter vorne beschrieben worden ist.

❸ MP3 in Verzeichnis kopieren
Dazu wird das MP3 mit dem Sirenensound in das vorgesehene Verzeichnis gespielt und im Programm werden die Daten dazu hinterlegt. Das hier vorgestellte Programm verwendet beides und das MP3-Modul kann je nach Bedarf aktiviert werden.

❹ Beleuchtung und Alarmlichter
Als Beleuchtung und als Alarmlichter können Sie, wie im vorhergehenden Artikel bereits beschrieben, RGB-LEDs verwenden und sie je nach Tages- und Nachtzeit steuern. Normalerweise sind die Beleuchtungs-LEDs im Tagmodus aus und im Nachtmodus an (Farbe Weiß). Gibt es Alarm, blinken die LEDs im Tagmodus rot. Im Nachtmodus blinken sie zwischen Rot und Weiß.

❺ Weitere LEDs für den Schlafraum
Im Programm gibt es weiterhin LEDs (ab Nummer 5 im Programm), die im Nachtmodus nur sehr schwach weiß leuchten. Sie sind für die Schlafplätze der Feuerwehrmänner vorgesehen (ja, auch die Feuerwehr ruht sich mal aus). Bei Alarm werden sie wie die anderen RGB-LEDs angesteuert.

❻ Zusätzliche Lichter für die Ausgänge
Da noch Ausgänge frei sind, sind an einigen Ausgängen zusätzliche Alarmlichter und andere Lichter vorgesehen. Sie können diese Aus-

gänge mit kleinen LEDs, z. B. für die Einsatzzentrale, versehen, die zufällig blinken.

❼ Hintergrundgeräusche triggern und steuern
Bei aktiviertem MP3-Modul werden neben der Alarmsirene bzw. der Glocke auch verschiedene andere Geräusche getriggert. Sie können als Hintergrundgeräusch zum Beispiel MP3s mit Funkverkehr abspielen lassen oder ein Radio simulieren.
Gesteuert wird das Ganze über zwei Taster. Damit können Sie einerseits zwischen Tages- und Nachtmodus umschalten und andererseits Alarm auslösen.

❽ Trägerplatinen mit den LEDs einbauen
Als RGB-LEDs eignen sich hier besonders gut die bereits auf kleinen Trägerplatinen montierten WS2812B-Module. Diese kleinen Platinen lassen sich gut einbauen und haben bereits die nötigen Bauteile integriert. Neben dem WS2812B-LED-Chip ist auch der Blockkondensator bereits integriert. Die verschiedenen Platinen lassen sich einfach über ein dreiadriges Kabel an den Arduino anschließen.

❾ Verkettung der Platinen
Auch die Verkettung erfolgt bei diesen Modulen einfach über dreiadrige Kabel. Lötpunkte auf der Unterseite des Moduls sind für diesen Zweck vorgesehen. Ein geeignetes dreiadriges Kabel gibt es im Modellbahnzubehör. Fragen Sie dort nach Weichenkabel. Dadurch wird automatisch der Datenausgang der LED mit dem Dateneingang der nächsten LED verbunden. Auch +5 V und GND werden weitergereicht. Folgen Sie einfach den Pfeilen auf der Platine.

4.2.2 Anschluss der Komponenten

Arduino-Pin	Funktionen
0,1	Kommunikation mit dem PC
2	
3	Lautsprecher (mit 220-Ohm-Vorwiderstand)
4	RGB-LED-Kette mit WS2812B
5	Taster Alarm
6	Taster Moduswechsel
7	
8,9	Kommunikation mit dem MP3-Audio-Modul
10	Kontrollleuchte 1
11	Kontrollleuchte 2
12	Kontrollleuchte 3
13	Board-LED

Arduino-Pinbelegung Feuerwache

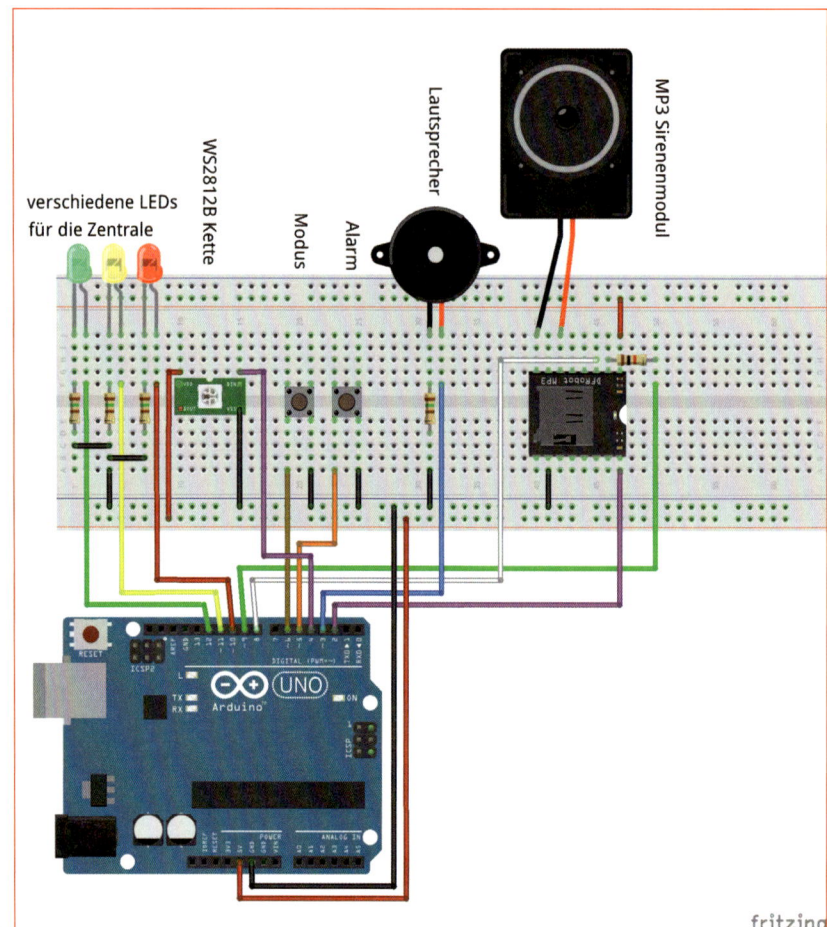

Steckplatine Feuerwache
Auf dieser Platine habe ich die
WS2812B nur einmal eingesetzt.

4.2.3 Das Programm Feuerwache.ino

Das Programm Feuerwache.ino dient der Simulation einer Feuerwache. Das MP3-Modul wird über zwei Pins mit dem Arduino verbunden. Pin 9 (AltSoftSerial TX) geht über einen 1-kOhm-Widerstand an den RX-Eingang des Moduls. Pin 2 dient der Rückmeldung, ob gerade eine Sounddatei abgespielt wird. Ein zusätzlicher Lautsprecher kann über Pin 3 (mit Vorwiderstand) angeschlossen werden. Die RGB-LEDs werden über Pin 4 mit Daten versorgt, während weitere zufällig gesteuerte LEDs die Ausgänge 10, 11 und 12 benutzen. Zur Steuerung der Modi und des Alarms sind zwei Taster an den Pins 5 und 6 vorgesehen. Das Programm gibt über das MP3-Modul eine Geräuschkulisse aus, indem es verschiedene Sounddateien zufällig abspielt. Weiterhin werden die drei LED Ausgänge zufällig gesteuert. Im Tagmodus werden alle RGB-LEDs ausgeschaltet und blinken nur im Alarmmodus rot. Im Nachtmodus werden die RGB-LEDs bis zu den Nacht-LEDs voll weiß angesteuert. Die Nacht-LEDs werden jedoch gedimmt. Bei Alarm wechselt die Farbe von Weiß auf Rot.

Programm-datei:
Feuerwache.ino

```
019 #include <mp3TF.h>
020 #include "Adafruit_NeoPixel.h"
021
023 #define NUM_LEDS 10
024 #define NACHT_LEDS 6
025
027 #define BEEPER 3
028 #define LED_DATA_PIN 4
029 #define TASTER_ALARM 5
030 #define TASTER_MODE 6
031 #define KONTROLL_1 10
032 #define KONTROLL_2 11
033 #define KONTROLL_3 12
034
035
036 struct AUDIO_FILE {
037   byte folder;
038   byte file;
039   byte length;
040 };
041
043 const AUDIO_FILE MP3_ALARM = {06, 01, 10};
044
046 const AUDIO_FILE BACKGROUND[] = {{06, 02, 02}, {06, 03, 01},
                                                 {06, 03, 01}};
047
048 const byte ANZAHL_DATEIEN = sizeof(BACKGROUND) / sizeof
                                                (AUDIO_FILE);
049
051 const byte ALARMZEIT = 10;
052
053 uint32_t WEISS = Adafruit_NeoPixel::Color(255, 255, 255);
054 uint32_t WEISS_DUNKEL = Adafruit_NeoPixel::Color(64, 64, 64);
055 uint32_t SCHWARZ = Adafruit_NeoPixel::Color(0, 0, 0);
056 uint32_t ROT = Adafruit_NeoPixel::Color(255, 0, 0);
057
058
059 enum MODE {TAG, NACHT};
060
062 Adafruit_NeoPixel pixels = Adafruit_NeoPixel(NUM_LEDS, LED_
                            DATA_PIN, NEO_GRB + NEO_KHZ800);
063 mp3TF mp3tf = mp3TF ();
064
065 MODE mode;
066 bool alarm;
```

- Anzahl der LEDs (023–024)
- Pins definieren (027–033)
- MP3-Datei für den Alarmton (043)
- Hintergrundgeräusche (046)
- Zeitdauer in Sekunden für einen Alarm (051)
- Initialisieren der WS2812b (062)

KAPITEL 4

Initialisieren der seriellen Verbindung zum Host

Willkommensmeldung ausgeben

NeoPixel-Bibliothek starten

Wann soll der Alarm wieder ausgeschaltet werden?

Zwischen Tag und Nacht wechseln

```
067
068  void setup() {
070    Serial.begin(9600);
072    Serial.println("Feuerwache V0.1");
073    Serial.println("init");
074
076    pixels.begin();
077    clearLEDs();
078
079    pinMode(BEEPER, OUTPUT);
080    digitalWrite(BEEPER, 0);
081    pinMode(TASTER_ALARM, INPUT_PULLUP);
082    pinMode(TASTER_MODE, INPUT_PULLUP);
083    pinMode(KONTROLL_1, OUTPUT);
084    digitalWrite(KONTROLL_1, 0);
085    pinMode(KONTROLL_2, OUTPUT);
086    digitalWrite(KONTROLL_2, 0);
087    pinMode(KONTROLL_3, OUTPUT);
088    digitalWrite(KONTROLL_3, 0);
089    pinMode(LED_BUILTIN, OUTPUT);
090    digitalWrite(LED_BUILTIN, 0);
091
092    randomSeed(analogRead(0));
093    mp3tf.init ();
094    mp3tf.setVolume (16);
095    delay(200);
096
097    mode = TAG;
098    alarm = false;
099    zeigeModus();
100    switchAlarm();
101    Serial.println("start");
102  }
103
104  AUDIO_FILE audio;
105  long stopAudio;
106  long stopAlarm;
107
108  void loop() {
109    if (digitalRead(TASTER_ALARM) == 0) {
110      // Alarm einschalten
111      alarm = true;
112      switchAlarm();
114      stopAlarm = (ALARMZEIT * 1000) + millis();
115      delay(100);
116    }
117    if (digitalRead(TASTER_MODE) == 0) {
119      if (mode = TAG) {
120        mode = NACHT;
```

Mit der Feuerwehr im Einsatz

```
121     } else {
122       mode = TAG;
123     }
124     zeigeModus();
125     delay(100);
126   }
128   if (alarm && (stopAlarm < millis())) {         // Alarm wieder ausschalten
129     alarm = false;
130   }
131
132   zeigeModus();
133
134   playRandomAudio();
135
136   doKontroll();
137   delay(100);
138 }
139
141 long zeitKontroll1, zeitKontroll2, zeitKontroll3;    // Kontroll-LEDs schalten
142
143 void doKontroll() {
144   long aktuelleZeit = millis();
145   if (zeitKontroll1 < aktuelleZeit) {
146     zeitKontroll1 = aktuelleZeit + random(5000);
147     digitalWrite(KONTROLL_1, !digitalRead(KONTROLL_1));
148   }
149   if (zeitKontroll2 < aktuelleZeit) {
150     zeitKontroll2 = aktuelleZeit + random(5000);
151     digitalWrite(KONTROLL_2, !digitalRead(KONTROLL_2));
152   }
153   if (zeitKontroll3 < aktuelleZeit) {
154     zeitKontroll3 = aktuelleZeit + random(5000);
155     digitalWrite(KONTROLL_3, !digitalRead(KONTROLL_3));
156   }
157 }
158
159 uint32_t color1 = SCHWARZ;
160 uint32_t color2 = SCHWARZ;
161
162 void zeigeModus() {
163   if (mode == TAG) {
164     color1 = SCHWARZ;
165     color2 = SCHWARZ;
166   } else {
167     color1 = WEISS;
168     color2 = WEISS_DUNKEL;
169   }
170   long halbeSekunden = millis() / 500;
172   if (alarm && ((halbeSekunden % 2) == 0)) {     // Bei Alarm jeweils zwischen nor-
173     color1 = ROT;                                // maler Beleuchtung und Alarmbe-
                                                   // leuchtung wechseln
```

```
174      color2 = ROT;
175    }
176    beleuchtung();
177  }
178
179  void beleuchtung() {
180    for (int i = 0; i < NUM_LEDS; i++) {
181      if (i < NACHT_LEDS) {
182        setLED(i, color1);
183      } else {
184        setLED(i, color2);
185      }
186    }
187    pixels.show();
188  }
189
190  void switchAlarm() {
191    if (alarm) {
192      // Alarm-Datei abspielen
193      audio = MP3_ALARM;
194      playAudio(true);
195
196    }
197  }
198
199  long alarmTonZeit;
200
201  //
202  void playRandomAudio() {
203    if (alarm) {
204      audio = MP3_ALARM;
205      if (alarmTonZeit < millis()) {
206        alarmTonZeit = millis() + 2000;
207        tone(BEEPER, 3000, 1000);
208      }
209    } else {
210      byte datei = random(ANZAHL_DATEIEN);
211      audio = BACKGROUND[datei];
212    }
213    playAudio(false);
214  }
215
218  void playAudio(bool direkt) {
219    long jetzt = millis();
220    if (direkt || (jetzt > stopAudio)) {
221      mp3tf.play (audio.folder, audio.file);
222      stopAudio = millis() + (audio.length * 1000);
223    }
224  }
```

Eine neue Datei abspielen
*direkt true: spielt die Datei sofort ab,
*direkt false: spielt die Datei erst ab, wenn die vorherige zu Ende ist.

Mit der Feuerwehr im Einsatz

```
225
227 void setLED(byte index, uint32_t color) {
228   index = index % NUM_LEDS;
229   pixels.setPixelColor(index, color);
230 }
231
233 void clearLEDs() {
234   for (int i = 0; i < NUM_LEDS; i++) {
235     setLED(i, pixels.Color(0, 0, 0));
236   }
237   pixels.show();
238 }
```

LED auf eine bestimmte Farbe setzen

Alle Farben löschen

4.3 Brandmeisterfahrzeug im Einsatz

Als nächstes Ziel hab ich mir das kleine Brandmeisterfahrzeug (Produktnummer: 5364) ausgesucht. Playmobil hat hier erstaunlicherweise sogar eine Fernsteuerung vorgesehen. Mit dieser Fernsteuerung kann man das Fahrzeug vorwärts, rückwärts, links und rechts steuern. Bei der aktuellen Variante der Fernsteuerung ist die Steuerung sogar proportional ausgelegt. Das heißt, ein kleiner Ausschlag an der Steuerung bewirkt auch nur einen kleinen Ausschlag beim Lenken bzw. wenig Fahrt beim Fahren. Einziges Manko dieser Fernsteuerung sind die kleinen Hebelwege und die 9-V-Blockbatterie für den Sender.

4.3.1 Leichte Modifikation der Fernsteuerung

Die Fernsteuerung arbeitet im 27-MHz-Band und bietet die Möglichkeit, den Kanal über die auch sonst in der Modelltechnik üblichen Quarze zu ändern. Somit können auch problemlos mehrere Anlagen parallel betrieben werden, wenn man die entsprechenden Quarze zur Verfügung hat. Auch an eine Steuerungsumkehr der einzelnen Kanäle wurde gedacht. Dazu dienen die beiden Schiebeschalter auf der Oberseite neben der Antenne.

Die Fernsteuerung ist bedingt wartungsfreundlich aufgebaut. Zwar kann man im Prinzip die Antenne austauschen, dafür muss jedoch das Gehäuse geöffnet und die Fernsteuerung zerlegt werden.

❶ Gehäuse der Fernsteuerung öffnen
   Dazu nimmt man zunächst die kugeligen Aufsätze auf den Steuerpins ab. Sie sind nicht geschraubt, sondern festgeklebt, und müssen mit etwas Kraft gelöst werden. Beim späteren Zusammenbau müssen sie

mit etwas Modellbaukleber wieder angeklebt werden, sonst fallen die Gummibällchen immer wieder ab.

Danach kann man das Gehäuse mit fünf Schrauben öffnen. Oberteil und Unterteil trennt man leichter, wenn man die Knüppel jeweils in eine Ecke schiebt.

❷ Achtung! Schalter und LED

Trennen Sie die beiden Hälften nach dem Öffnen aber nicht zu weit, denn auf der Oberseite sind der Schalter und die LED befestigt und mit einem kurzen Kabelbaum mit der Hauptplatine und dem Batteriefach verbunden.

Im Bild sieht man oben schön die Befestigung der Antenne. Die Wendelantenne ist in einen Gummischlauch eingelassen und mit einer kleinen Schraube elektrisch mit dem Antennenkabel der Platine verbunden. Löten muss man also für den Austausch der Antenne schon mal nicht.

Mit der Feuerwehr im Einsatz 85

Innenansicht der Fernbedienung

Soweit zum Sender.

Das Empfängerset besteht aus insgesamt vier Modulen:

- dem Batteriemodul
- dem eigentlichen Empfänger
- der Lenkeinheit
- der Antriebseinheit

Was sofort auffällt, sind die verschiedenen Steckergrößen. Während der Empfänger mit einem zweipoligen Stecker an die Batteriebox angeschlossen und der Motor mit einem zweipoligen Stecker an Empfänger gesteckt wird, hat die Lenkeinheit einen fünfpoligen Stecker.

Der Empfänger enthält nicht nur den eigentlichen Empfänger, wie es beim Modellbau eigentlich üblich ist, sondern auch die Steuerungseinheiten für den Antrieb und auch die Servoelektronik für die Steuerung des Lenkservos. Dieser sieht zwar von außen aus wie ein normaler Modellbauservo, enthält aber keine Elektronik. Stattdessen werden Motor und Winkelpotenziometer direkt mit dem Empfänger verbunden. Deswegen auch der fünfpolige Stecker.

Drei Pole sind für den Anschluss des Poti vorgesehen und zwei Pole versorgen den Motor mit Strom. Auch die Antriebseinheit ist »dumm«. Der Motor wird direkt mit dem Empfänger verbunden und kann sogar ohne Empfänger direkt z. B. mit der Steuerungsbox des Playmobilmotors (Produktnummer: 5556) verbunden werden.

Zur Auswahl der Sendefrequenz lässt sich am Empfänger der Quarz austauschen und die Antenne wird einfach in den entsprechenden Anschluss gesteckt.

4.3.2 Beleuchtung für das Brandmeisterfahrzeug

Das Brandmeisterfahrzeug soll nun mit einer gesteuerten Beleuchtung ausgestattet werden. Es werden dabei folgende Komponenten verbaut.

Verbaute Komponenten:

- 2 weiße LEDs für die Frontscheinwerfer
- 3 rote LEDs für die Rückleuchten
- 4 gelbe LEDs für die Blinker
- 2 blaue LEDs für das Blaulicht
- 1 Lautsprecher und ein MP3-Modul

1 Platz für die Elektronik

Platz für die Elektronik ist im hinteren Teil des Fahrzeuges genug vorhanden. Beim Öffnen des Fahrzeuges muss man jedoch sehr vorsichtig vorgehen. Im Gegensatz zum Porsche wird dieses Fahrzeug nur mit Klipsen zusammengehalten. Und diese brechen recht leicht ab. Aber eigentlich ist es auch nicht nötig, das Fahrzeug zu zerlegen. Durch die großen Kotflügel kommt man gut von unten an die geplante Position der Scheinwerfer heran.

> **Achtung!**
> Da auch irreversible Eingriffe in die Elektronik vorgenommen werden müssen, sollten Sie zunächst Ihre Tochter/Ihren Sohn fragen, ob das in Ordnung ist. Oder am besten gleich Ersatz besorgen. Denn leider muss für Blaulicht und Sound das vorhandene Dachmodul ausgeschlachtet werden.

Mit der Feuerwehr im Einsatz

❷ LEDs auf Lochrasterplatine löten

Da die Rückleuchten in die Heckklappe integriert sind, können sie auch anders befestigt werden. Dazu löten Sie die benötigten LEDs nach folgendem Schema auf eine kleine Loch- oder Streifenrasterplatine. Hier ist eine Standardplatine abgebildet. An den pinkfarbenen Linien wird diese Platine zerteilt.

> **Arduino Nano**
> Nicht fehlen darf in diesem Zusammenhang ein kleiner Arduino Nano, der die Auswertung und Steuerung übernimmt.

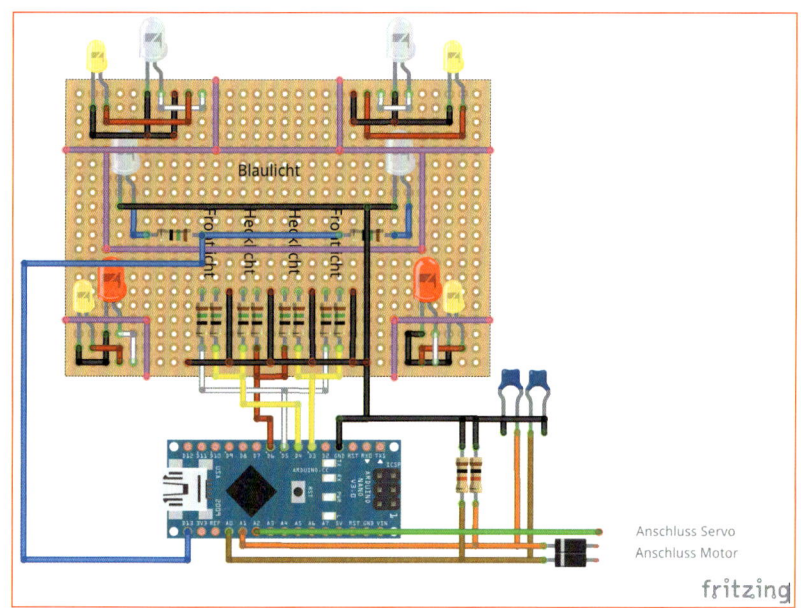

Platinenaufbau für das Brandmeisterfahrzeug

An diese kleinen Platinen löten Sie die Kabel für die Versorgung, am besten eignen sich dafür dreipolige Servoanschlusskabel aus dem Modellbauzubehör. Vorne werden pro Seite jeweils eine Scheinwerfer-LED (weiße 5-mm-LED, klar mit kurzem Kopf) und eine Blinklicht-LED (gelbe 3-mm-LED) benötigt.

❸ LEDs am Fahrzeug montieren

Hinten brauchen wir an der einen Seite eine rote LED (3 oder 5 mm kurz, extra hell) und eine Blink-LED. An einer Seite können Sie zusätzlich eine LED für den Rückfahrscheinwerfer (3 mm weiß) montieren (in der Abbildung nicht dargestellt).

KAPITEL 4

Fertig aufgebaute Brandmeisterplatine von vorne und hinten

❹ Vorhande Platine austauschen

Um das Blaulicht zu bauen, muss im Originalgehäuse die vorhandene Platine gegen eine neue getauscht werden. Einzig den Lautsprecher kann man weiterverwenden. In dem oben bereits vorgestellten Platinenlayout ist der innere Teil für den Einbau in das Blaulichtgehäuse vorgesehen.

❺ Platinenform und Anschlüsse

Für die genaue Platinenform nimmt man sich am besten die originale Platine zu Hilfe, denn auch bei unserer Platine müssen für den Lautsprecher entsprechende Teile ausgeschnitten werden. Die gesamte Platine wird mithilfe eines vierpoligen Kabels mit dem Rest der Elektronik verbunden. Die vier Anschlüsse sind folgende: GND, Blaulicht und die beiden Anschlüsse für den Lautsprecher.

Mit der Feuerwehr im Einsatz

Brandmeisterfahrzeug: geändertes Blaulichtmodul.

Die Pin-Zuordnung am Arduino sieht folgendermaßen aus:

Arduino-Pin	Funktionen
0,1	Kommunikation mit dem PC
3 PWM	Blinker links
4	Blinker rechts
5 PWM	Stand-/Fahrlicht
6 PWM	Rück-/Bremslicht
8,9	Kommunikation mit dem MP3-Audio-Modul
12	Rückfahrscheinwerfer
13	Blaulicht
A0	Über Diode und 1-KOhm/220-nF-Kondensator gegen Masse an Motor Pin 1
A1	Über Diode und 1-KOhm/220-nF-Kondensator gegen Masse an Motor Pin 2
A2	Servo-Poti-Mittelpin

Die verwendete Platine ist eine sogenannte Lochrasterplatine. Die Bohrungen haben einen Abstand von 2,54 mm – genormt. Die Bauteile auf der Platine sind so positioniert, dass sie später genau in das Auto passen.
Die vorderen Leuchten haben einen Abstand von 1 cm, die hinteren Rücklichter sollten einen maximalen Abstand von 8 mm haben.

6 Platine passgenau zuschneiden

Die Platine, die in das vorhandene Blaulichtgehäuse eingebaut werden muss, darf maximal 1,8 cm x 6 cm groß sein. Die pinkfarbenen Linien sind die Bruchstellen, an denen die Platine geschnitten werden sollte. Am einfachsten geht das mit einem Cuttermesser. Einfach über die Bohrlinien zwei- bis dreimal einritzen und dann mit einer Flachzange vorsichtig entlang der Bohrungen brechen.

7 Bruchkanten der Platinen glätten

Die Bruchkanten danach mit etwas Schmirgelpapier glätten. Insgesamt hat man dann sechs kleine Platinen: zwei Platinen für die Frontleuchten, zwei Platinen für die Heckleuchten, eine Platine für das Blaulicht und eine Platine mit den Vorwiderständen für die LEDs.

Brandmeisterfahrzeug: einzelne Platinen. Nicht aufgezeichnet auf der Platine ist das MP3-Modul.

Dateien und Quelltexte

Viele der hier vorgestellten Aufbauten, so auch diese Platine, sind mit Fritzing App (10) gemacht. Die Dateien für die Platinen sowie auch die Quelltexte für die hier vorgestellten Programme finden Sie auf meiner Homepage.

8 Empfängerplatine aus Gehäuse holen

Nun müssen Sie in den Empfänger noch fünf Kabel löten. Mithilfe dieser Kabel versorgen Sie die Elektronik inklusive Arduino mit Strom und nehmen die benötigten Signale für die Auswertung ab. Öffnen Sie den Empfänger mit den vier Schrauben und nehmen Sie vorsichtig die Platine aus dem Gehäuse.

9 Kabel an die Empfängerplatine löten

Für die Stromversorgung löten Sie zwei Kabel an die großen Lötpunkte auf der Unterseite der Empfängerplatine. Das rote Kabel für +5 V kommt an den Lötpunkt B+, das Massekabel wird an B– angeschlossen (braunes Kabel). Achten Sie darauf, nicht zu lange zu löten, sonst könnten Sie den originalen Batterieanschluss mit ablöten.

Mit der Feuerwehr im Einsatz

Das Signalkabel für die Richtungssteuerung (Servopoti Mittelpin) wird von unten an den Pin 2 des Servosteckers gelötet (gelbes Kabel). Auch an die beiden Motoranschlüsse Motor Pin 1 und 2 werden zwei Kabel gelötet. Im Beispielbild habe ich ein schwarzes zweipoliges Kabel verwendet.

RC-Empfänger-platine

Der Anschluss vom Servo-Poti kann direkt mit dem Arduino-Anschluss (A2) verbunden werden. Die beiden Motoranschlüsse müssen jeweils über eine Diode (1N4001) an die Eingänge angeschlossen werden.

10 Kondensator und Widerstand schalten
Zur Glättung des Motorensignals muss noch ein Kondensator (220 nF) und ein Widerstand von 1 KOhm gegen Masse geschaltet werden. Siehe Abbildung des Schaltplans.

11 Funktionstest auf dem Steckbrett
Vor dem Einbau der Komponenten in das Fahrzeug sollten Sie den gesamten Aufbau zum Test einmal auf einem Steckbrett zusammenbauen und testen.

4.3.3 Einbau der vorbereiteten LED-Platinen

1 Position der LEDs markieren
Der Einbau der LED-Platinen ist recht schnell erledigt. Vorne müssen Sie zunächst ungefähr die Position der LEDs von innen an den Kotflügel markieren.

KAPITEL 4

Brandmeisterfahrzeug: LEDs im Kotflügel.

❷ Löcher für die LEDS vorbohren

Dann wird mit einem kleinen Bohrer (1 mm) vorgebohrt. Sie können kontrollieren, ob die LEDs an der richtigen Stelle im Scheinwerfer sitzen.

Bohren Sie die beiden Löcher auf die entsprechenden Größen auf. Die weiße LED für den Frontscheinwerfer kommt nach innen, die gelbe Blinker-LED ist weiter außen.

❸ Vierkantleiste für die Heckleuchten

Für die Heckleuchten müssen Sie zunächst eine kleine Vierkantleiste (5 x 5mm) aus Holz passend abschneiden. Die beiden Heckplatinen mit den LEDs werden auf diese Leiste aufgeklebt und die gesamte Leiste kann dann im Heck eingeklebt werden.

Verstauen Sie den Rest der Elektronik im Fahrzeug.

Brandmeisterfahrzeug: LEDs-Platinen im Heck.

Mit der Feuerwehr im Einsatz

4.3.4 Programme für das Brandmeisterfahrzeug

Für das Brandmeisterfahrzeug werden zwei Programme benötigt. Mit dem ersten Programm wird der maximal mögliche Winkelausschlag des Servos bestimmt. Dazu bauen Sie alles außerhalb des Fahrzeugs einmal auf.

Dann verbinden Sie den Arduino mit dem PC und laden das Programm »Brandmeister_Test« in den Arduino. Danach öffnen Sie den seriellen Monitor und stellen ihn auf 56700 Baud. Es erscheint zunächst die Startmarkierung:

```
Brandmeister RC Test V0.1
```

Es folgen Zahlenkolonnen, bestehend aus fünf Zahlen. Diese werden in der Form x, y, m1, m2, m ausgegeben. Die erste Zahl gibt den gemessenen Wert für den Lenkservo aus. Die zweite Zahl ist die berechnete Größe für das Programm. Die Werte m1 und m2 sind die Eingangswerte für den Motor und m ist der berechnete Motorwert.

Schalten Sie den Sender und den Empfänger ein. Die erste Zahl sollte einen Wert um die 400 haben. Wenn Sie den Lenkhebel auf der Fernbedienung betätigen, ändert sich der erste Wert. Die restlichen Werte können Sie zunächst ignorieren.

Merken Sie sich die Werte, die sich ergeben, wenn Sie den Lenkhebel einmal nach ganz links und einmal nach ganz rechts ausschlagen. Diese beiden Werte tragen Sie in dem Programm bei

```
const word RC_STE_LOW = 324;
const word RC_STE_HIGH = 557;
```

ein.

Das Gleiche machen Sie für den Motor. Also zunächst den Hebel auf volle Fahrt vorwärts. Den Wert von m1 merken. Dann den Hebel auf voll rückwärts und den Wert von m2 merken. Der größere der beiden Werte ist der Wert für

```
const word RC_THR_HIGH = 1024;
```

Auf dem Nullpunkt die beiden Werte m1 und m2 lesen. Der kleinere gibt den Wert für

```
const word RC_THR_LOW = 1024;
```

Kompilieren Sie das Programm neu und laden Sie es wieder in den Arduino. Jetzt sollten Sie den zweiten Wert beim Lenken beobachten. Er sollte je

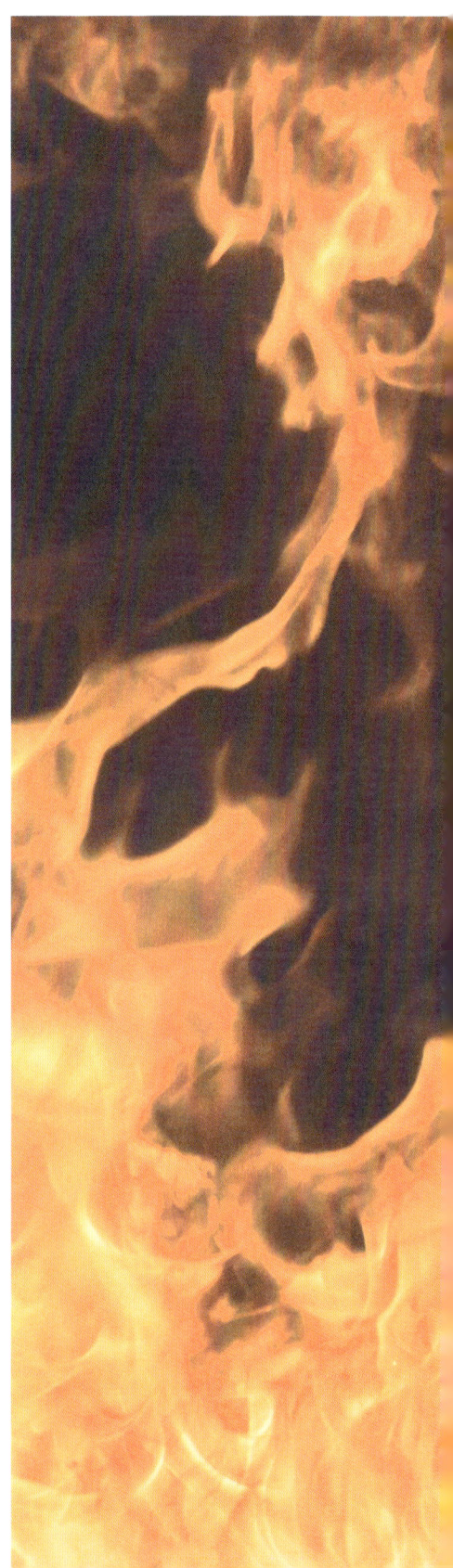

nach Ausschlag zwischen 0 und 255 liegen. Beim Gas sollte der fünfte Wert auch zwischen 0 und 255 liegen, je nach Hebelausschlag.

Wenn das Ergebnis korrekt ist, können Sie den Sketch »Brandmeister« laden und die beiden gerade ermittelten Werte in dieses Programm übertragen.

Somit haben Sie den Lenkservo und den Motor kalibriert. Jetzt können Sie mit dem »Brandmeister«-Sketch den Rest der Elektronik testen. Im Stand sollten die Scheinwerfer wie die Rückleuchten leuchten. Bei Fahrt vorwärts sollten die Scheinwerfer heller werden. Beim ersten Mal rückwärts (nach vorwärts) sollten die Bremsleuchten aufleuchten.

Die Blinker gehen jeweils automatisch an, wenn man nach rechts oder links lenkt. Eventuell muss man noch den Schalter BLINKER_TAUSCHEN auf true setzen, wenn die falsche Seite blinkt.

Das Blaulicht (und das Audiosignal) lässt sich einschalten, wenn man zweimal voll nach rechts (oder links) lenkt. Zum Ausschalten muss man das Gleiche noch einmal machen.

Für das Audiosignal müssen Sie eine MP3-Datei mit dem Namen in den Ordner 010 001.mp3 legen. Im Programm geben Sie nur noch die Laufzeit des MP3s an.

```
const AUDIO_FILE MP3_SIRENE = {10, 01, 4}
```

4.3.5 Das Programm Brandmeister_Test.ino

Mit dem Programm Brandmeister_Test.ino werden die Fernsteuerungsendpunkte der Lenkung für Brandmeisterfahrzeug Playmobil für den Arduino erkannt. Die Daten werden über die analogen Eingänge A2 eingelesen (A2: Servo-Poti).

Programmdatei: Brandmeister_Test.ino

```
009 */
010 #define debug
011 #include <debug.h>
012 #include <makros.h>
013 // ----------------------------------------
014 // Hardwareanbindung für Arduino-Hardware
015 // ----------------------------------------
016 // Empfängerkanäle
017 const byte PIN_RC_THR_F = 0;    // Vorwärtsfahrt
018 const byte PIN_RC_THR_B = 1;    // Rückwärtsfahrt
019 const byte PIN_RC_STE = 2;      // Steuerung
020
021 const word RC_STE_LOW = 324;
```

Mit der Feuerwehr im Einsatz

```
022 const word RC_STE_HIGH = 557;
023
024 const word RC_THR_LOW = 0;
025 const word RC_THR_HIGH = 1024;
026
027 const byte NP = 128;
028
033
034 void setup() {
036
037 #ifdef debug
038   Serial.begin(57600);
039   Serial.flush();
040   Serial.println("Brandmeister RC Test V0.1");
041   delay(100);
042 #endif
043 }
044
045 void loop() {
046   word rcValue = analogRead(PIN_RC_STE);
047   dbgOut(rcValue);
048   byte value = getServoValue();
049   dbgOut(",");
050   dbgOut(value);
051
052   word valueF = analogRead(PIN_RC_THR_F);
053   word valueB = analogRead(PIN_RC_THR_B);
054   dbgOut(",");
055   dbgOut(valueF);
056   dbgOut(",");
057   dbgOut(valueB);
058   value = getEscValue(valueF, valueB);
059   dbgOut(",");
060   dbgOut(value);
061   dbgOutLn();
062
063   delay(100);
064 }
065
066 byte getServoValue() {
067   int value = analogRead(PIN_RC_STE);
068   value = constrain(value, RC_STE_LOW, RC_STE_HIGH);
069   byte rcValue = map(value, RC_STE_LOW, RC_STE_HIGH, 0, 255);
070   return rcValue;
071 }
072
073 byte getEscValue(word valueF, word valueB) {
074   byte rcValue = NP;
075   valueF = constrain(valueF, RC_THR_LOW, RC_THR_HIGH);
```

- Ab hier folgen Definition für die Software selber. Hier nur Änderungen vornehmen, wenn man sich sicher ist.
- Kanäle auf Ausgang und dann deaktivieren

```
076    valueB = constrain(valueB, RC_THR_LOW, RC_THR_HIGH);
077    if (valueF > valueB) {
078      rcValue = map(valueF, RC_THR_LOW, RC_THR_HIGH, NP, 255);
079    } else {
080      rcValue = map(valueB, RC_THR_LOW, RC_THR_HIGH, NP, 0);
081    }
082    return rcValue;
083  }
```

4.3.6 Das Programm Brandmeister.ino

Das Programm Brandmeister.ino realisiert die automatische Lichtsteuerung für das Playmobil-Brandmeisterfahrzeug für den Arduino. Die Daten werden über die analogen Eingänge A0-A2 eingelesen, die Ausgänge sind folgendermassen definiert:

D2	Audiomodul Busy
D3	Blinker links
D4	Blinker rechts
D5	Stand/Fahrlicht (PWM)
D6	Rück/Bremslicht (PWM)
D8,9	MP3-Modul
D9	Fernlicht
D12	Rückfahrscheinwerfer
D13	schaltbares Blinklicht
A0	Vorwärts
A1	Rückwärts
A2	Servo-Poti

Die Blinker gehen bei mehr als 50% Lenkeinschlag automatisch an und Blinken mit ca. 1 Hz. Standlicht ist an, sobald das System einsatzbereit ist. Fahrlicht geht an, wenn der Nullpunkt überschritten wird. Wird das erste Mal auf Rückwärts geschaltet, wird das Bremslicht aktiviert, beim zweiten Mal die Rückfahrscheinwerfer.

Die beiden PWM-Kanäle (D5/6) haben doppelte Bedeutung. Ist Standlicht aktiviert, leuchten die Lampen mit ca. 20% Leistung, bei Fahrlicht bzw. Bremse jeweils mit 100%. Das Blaulicht sowie das Martinshorn werden durch zweimaliges Auslösen der Lenkung in die entsprechende Richtung aktiviert bzw. deaktiviert.

Programm-datei: Brandmeister.ino

```
032  //#define debug
033  #include <mp3TF.h>
034  #include <debug.h>
035  #include <makros.h>
036
```

Mit der Feuerwehr im Einsatz

```
037 struct AUDIO_FILE {
038   byte folder;
039   byte file;
040   byte length;
041 };
042
044 const AUDIO_FILE MP3_SIRENE = {10, 01, 4};
045
046
049 const boolean BLINKER_TAUSCHEN = false;
050
052 const byte PWM_HALF_HECK = 20;
054 const byte PWM_HALF_FRONT = 70;
060 const byte PIN_RC_THR_F = 0;
061 const byte PIN_RC_THR_B = 1;
062 const byte PIN_RC_STE = 2;
063
065 const byte L_BLK_RG = 4;
066 const byte L_BLK_LK = 3;
067 const byte L_STANDLICHT = 5;
068
069 const byte L_RUECKFAHRLICHT = 12;
070 const byte L_RUECKLICHT = 6;
071 const byte L_RESERVE_1 = 13;
072
076 const byte NP = 128;
077 const byte NP_JIT = 4;
078 const byte TOP = NP + NP_JIT;
079 const byte BOTTOM = NP - NP_JIT;
080
082 const byte JIT_50 = 64;
083 const byte TOP_50 = NP + JIT_50;
084 const byte BOTTOM_50 = NP - JIT_50;
085
086 const byte JIT_80 = 100;
087 const byte TOP_80 = NP + JIT_80;
088 const byte BOTTOM_80 = NP - JIT_80;
089
090 const word RC_STE_LOW = 324;
091 const word RC_STE_HIGH = 557;
092
093 const word RC_THR_LOW = 0;
094 const word RC_THR_HIGH = 1024;
095
097 const byte PWM_FULL = 255;
098
101 #ifdef debug
102 const unsigned int SCHALTZEIT = 5000;
103 #else
```

- MP3-Datei für die Sirene
- Blinker zwischen links und rechts tauschen...
- Lichtstärke der Rücklichter
- Lichtstärke Standlicht
- Vorwärtsfahrt
- Rückwärtsfahrt
- Steuerung
- Ausgänge
- PWM-Kanal
- PWM Kanal
- Definition einiger Schranken für die RC-Erkennung / obere und untere Schranke der Nullpunkterkennung / Werte höher als TOP und tiefer als BOTTOM werden als nicht Null erkannt
- Hier die beiden 50%- und 80%-Schranken
- PWM-Definitionen für halbe Leistung und volle Leistung
- Anzahl der Millisekunden, die zum Schalten der Sonderfunktionen zwischen den zwei Betätigungen vergehen dürfen.

```
104 const unsigned int SCHALTZEIT = 3000;
105 #endif
106
107 mp3TF mp3tf = mp3TF ();
108
114 void setup() {
115   // Kanäle auf Ausgang, und dann deaktivieren
116   pinMode(L_STANDLICHT, OUTPUT);
117   digitalWrite(L_STANDLICHT, LOW);
118   pinMode(L_RUECKLICHT, OUTPUT);
119   digitalWrite(L_RUECKLICHT, LOW);
120
121   pinMode(L_BLK_LK, OUTPUT);
122   digitalWrite(L_BLK_LK, LOW);
123   pinMode(L_BLK_RG, OUTPUT);
124   digitalWrite(L_BLK_RG, LOW);
125
126   pinMode(L_RUECKFAHRLICHT, OUTPUT);
127   digitalWrite(L_RUECKFAHRLICHT, LOW);
128   pinMode(L_RESERVE_1, OUTPUT);
129   digitalWrite(L_RESERVE_1, LOW);
130
131 #ifdef debug
132   Serial.begin(57600);
133   Serial.flush();
134   Serial.println("Brandmeister V0.1");
135   delay(100);
136 #endif
137 }
138
139 void loop() {
140
142   doHeadlight();
143   doBlinker();
144   doSwitches();
145
146   delay(100);
147 }
148
152
154 enum HEADLIGHT {
155   STAND, DRIVE, HIGHDRIVE, BRAKE, BACK
156 };
157
158 HEADLIGHT headLightState = STAND;
159 byte oldEscValue = 0;
160 boolean hasBrake = false;
161 boolean standAfterBrake = false;
162
```

Ab hier folgen Definition für die Software selber. Hier nur Änderungen vornehmen, wenn man sich sicher ist.

Nullpunktbestimmung

Fahr- und Rücklichter auswerten.
Möglicher Status des Fahrlichts

```
163 void doHeadlight() {
164   byte rcValue = getEscValue();
165   if (between(rcValue, NP - NP_JIT, NP + NP_JIT)) {
167     headLightState = STAND;
168     if (hasBrake) {
169       standAfterBrake = true;
170     }
171   }
172   else if (rcValue > (NP + JIT_50)) {
174     headLightState = HIGHDRIVE;
175     hasBrake = false;
176   }
177   else if (rcValue > (NP + NP_JIT)) {
179     headLightState = DRIVE;
180     hasBrake = false;
181   }
182   else {
184     if (standAfterBrake && hasBrake) {
185       headLightState = BACK;
186     }
187     else {
188       headLightState = BRAKE;
189       hasBrake = true;
190       standAfterBrake = false;
191     }
192   }
193   oldEscValue = rcValue;
194   showHeadLights();
195 }
196
200 void showHeadLights() {
201   //  dbgOut("H:");
202   //  dbgOutLn(headLightState);
203   switch (headLightState) {
204     case STAND:
205       analogWrite(L_STANDLICHT, PWM_HALF_FRONT);
206       analogWrite(L_RUECKLICHT, PWM_HALF_HECK);
207       digitalWrite(L_RUECKFAHRLICHT, 0);
208       break;
209     case DRIVE:
210       analogWrite(L_STANDLICHT, PWM_FULL);
211       analogWrite(L_RUECKLICHT, PWM_HALF_HECK);
212       digitalWrite(L_RUECKFAHRLICHT, 0);
213       break;
214     case HIGHDRIVE:
215       analogWrite(L_STANDLICHT, PWM_FULL);
216       analogWrite(L_RUECKLICHT, PWM_HALF_HECK);
217       digitalWrite(L_RUECKFAHRLICHT, 0);
218       break;
```

- Im Nullpunkt das Standlicht einschalten (Zeilen 165–171)
- Fernlicht (Zeilen 172–176)
- Fahrlicht (Zeilen 177–181)
- Rückfahrscheinwerfer oder doch nur Bremslichter? (Zeilen 182–192)
- Beleuchtung entsprechend dem Status setzen (ab Zeile 200)

```
219      case BRAKE:
220        analogWrite(L_STANDLICHT, PWM_FULL);
221        analogWrite(L_RUECKLICHT, PWM_FULL);
222        digitalWrite(L_RUECKFAHRLICHT, 0);
223        break;
224      case BACK:
225        analogWrite(L_STANDLICHT, PWM_FULL);
226        analogWrite(L_RUECKLICHT, PWM_HALF_HECK);
227        digitalWrite(L_RUECKFAHRLICHT, 1);
228        break;
229    }
230 }
231
235 enum BLINKERSTATE {
236   RIGHT, LEFT, NONE
237 };
238
239 BLINKERSTATE blinkerState = NONE;
240
241 void doBlinker() {
242   byte rcValue = getServoValue();
243
244   if (between(rcValue, NP - NP_JIT, NP + NP_JIT)) {
246     blinkerState = NONE;
247   }
248   else {
249     if (rcValue > (NP + JIT_50)) {
250       blinkerState = RIGHT;
251     }
252     else if (rcValue < (NP - JIT_50)) {
253       blinkerState = LEFT;
254     }
255     else {
256       blinkerState = NONE;
257     }
258   }
259   showBlinker();
260 }
261
265 void showBlinker() {
266   //  dbgOut("B:");
267   //  dbgOutLn(blinkerState);
268   if (blinkerState == NONE) {
269     // Blinker ausschalten
270     digitalWrite(L_BLK_LK, 0);
271     digitalWrite(L_BLK_RG, 0);
272   }
273   else {
274     if (BLINKER_TAUSCHEN) {
```

- Blinker auswerten. (Zeile 235)
- Kein Blinker (Zeile 244)
- Blinker anzeigen. (Zeile 265)

```
275        if (blinkerState == RIGHT) {
276          blinkerState = LEFT;
277        }
278        else {
279          blinkerState = RIGHT;
280        }
281      }
283      unsigned long actualMillis = millis();
284      byte on = 0;
285      if ((actualMillis % 1000) > 500) {
286        on = 0;
287      }
288      else {
289        on = 1;
290      }
291      // Und wo soll geblinkt werden?
292      if (blinkerState == RIGHT) {
293        digitalWrite(L_BLK_RG, on);
294      }
295      else {
296        digitalWrite(L_BLK_LK, on);
297      }
298    }
299  }
300
304
306  enum SWITCHSTATE {
307    SW_NONE, SW_FIRST, SW_NULLPOINT, SW_SECOND
308  };
309
310  SWITCHSTATE swState = SW_NONE;
311  SWITCHSTATE bkState = SW_NONE;
312
313  unsigned long lastSwCalled = 0;
314  unsigned long lastBkCalled = 0;
315  boolean switchOn = false;
316  boolean blinkOn = false;
317
318  void doSwitches() {
319    boolean changes = false;
320    byte rcValue = getServoValue();
321
322    if ((millis() - lastBkCalled) > SCHALTZEIT) {
323      bkState = SW_NONE;
324    }
325    if (between(rcValue, NP - NP_JIT, NP + NP_JIT)) {
326      if (bkState == SW_FIRST) {
327        bkState = SW_NULLPOINT;
328      }
```

Bestimmen, ob der Blinker an oder aus sein muss.

Zusätzliche Schalt- und Blinkfunktionen auswerten

Das ist die Schaltfolge, die ausgeführt werden muss.

```
329     }
330     if (rcValue < (NP - JIT_50)) {
331       if (bkState == SW_NONE) {
332         lastBkCalled = millis();
333         bkState = SW_FIRST;
334       }
335       else if (bkState == SW_NULLPOINT) {
336         bkState = SW_SECOND;
337         blinkOn = !blinkOn;
338         changes = true;
339       }
340     }
341     if (changes || blinkOn) {
342       showSwitches();
343     }
344 }
345
346 void showSwitches() {
```

Blinker anzeigen.

```
348   if (blinkOn) {
349     playAudio();
350     unsigned long actualMillis = millis();
351     if ((actualMillis % 1000) > 500) {
352       digitalWrite(L_RESERVE_1, 0);
353     }
354     else {
355       digitalWrite(L_RESERVE_1, 1);
356     }
357   }
358   else {
359     digitalWrite(L_RESERVE_1, 0);
360   }
361 }
362
363 byte getEscValue() {
364   byte rcValue = NP;
365   word valueF = analogRead(PIN_RC_THR_F);
366   word valueB = analogRead(PIN_RC_THR_B);
367   valueF = constrain(valueF, RC_THR_LOW, RC_THR_HIGH);
368   valueB = constrain(valueB, RC_THR_LOW, RC_THR_HIGH);
369   if (valueF > valueB) {
370     rcValue = map(valueF, RC_THR_LOW, RC_THR_HIGH, NP, 255);
371   } else {
372     rcValue = map(valueB, RC_THR_LOW, RC_THR_HIGH, NP, 0);
373   }
374   return rcValue;
375 }
376
377 byte getServoValue() {
378   byte rcValue = NP;
```

Mit der Feuerwehr im Einsatz

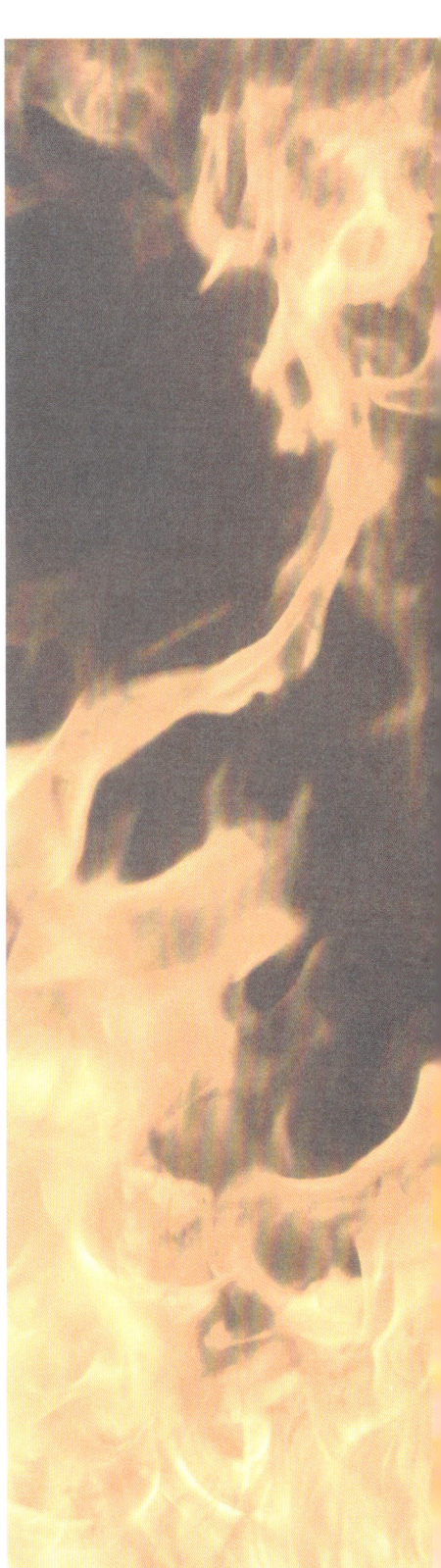

```
379   int value = analogRead(PIN_RC_STE);
380   value = constrain(value, RC_STE_LOW, RC_STE_HIGH);
381   rcValue = map(value, RC_STE_LOW, RC_STE_HIGH, 0, 255);
382   return rcValue;
383 }
384
385 long stopAudio;
386
387 void playAudio() {
388   long jetzt = millis();
389   if (jetzt > stopAudio) {
390     mp3tf.play (MP3_SIRENE.folder, MP3_SIRENE.file);
391     stopAudio = millis() + (MP3_SIRENE.length * 1000);
392   }
393 }
```

4.4 Wasser marsch!

Wie bestimmt schon bekannt, kann die Playmobilfeuerwehr sogar richtig löschen. Die Schläuche wie die Spritzen sind funktionstüchtig. Und auch das Hebelventil funktioniert sehr gut. Bei den meisten Kästen, bei denen Schläuche und Spritzen dabei sind, ist auch ein kleiner Wassertank mit Luftpumpe vorhanden. Diesen muss man mit Wasser füllen und mithilfe der Luftpumpe Druck aufbauen. So wird das Wasser durch die Schläuche gedrückt.

4.4.1 Wasserdruck mit Zahnradpumpe regulieren

Leider ist der Spaß recht schnell vorbei. Denn entweder ist der Wassertank leer oder der Luftdruck zu gering und man muss wieder pumpen. Schöner wäre es, eine kleine elektrische Pumpe zu benutzen. Dazu eignen sich sehr gut kleine Zahnradpumpen, wie man sie aus dem Funktionsmodellbau kennt. Sie werden normalerweise mit 12 V betrieben. Aber auch bei 6 V laufen diese Pumpen schon recht ordentlich und liefern einen kontinuierlichen und ausreichenden Wasserdruck. Je nach Leistungsfähigkeit können diese Pumpen mindestens vier bis sechs Spritzen gleichzeitig versorgen.

4.4.2 Adapter für kompatible Schlauchverbindungen

Der Anschluss der Pumpen für den Wasserausgang ist jedoch für größere Schläuche als das Playmobil-Schlauchsystem gedacht. Deshalb muss man sich einen Adapter bauen, der den größeren Schlauch der Pumpe auf den kleineren Schlauchdurchmesser des Playmobilsystems reduziert.

Dazu nimmt man sich ein kleines Stück (ca. 1 cm) Messingrohr, das den passenden Außendurchmesser für den Pumpenschlauch hat, und klebt es mit Modellbaukleber auf eine Seite eines roten Playmobilschlauchadapters. Fertig ist unser Schlauchadapter. Den Pumpenschlauch sichern Sie mit einem Stück Draht oder etwas Klebeband.

Achtung beim Betrieb der Spritzen

Auch ganz wichtig ist, nach dem Betrieb hinterher mit dem Hebelventil niemals alle Spritzen auszuschalten. Eine Spritze sollte immer aktiv bleiben. Die Pumpe baut sonst einen so großen Druck auf, dass das Wasser das System an irgendeiner Stelle unkontrolliert verlässt. Und das bedeutet, dass sich entweder ein Schlauch von einem Verbinder löst oder ein Schlauch platzt. Bei mir platzte der Schlauch direkt vor dem Absperrventil. Zum Glück haben wir draußen gespielt.

Mit der Feuerwehr im Einsatz

5

KAMERA AN

Modernisierung der Polizeistation

5.1	Verbessern der Überwachungskameras	108
5.2	Umstellen der Außenbeleuchtung auf LED	109
5.3	Automatisches Türsystem für die Haftzelle	114
5.4	Gebäudeüberwachung mittels Ultraschallmodul	125
5.5	Fernsteuerung für den SEK-Einsatztruck	127
5.6	Bildschirm für den Erkennungsdienst	132

KAPITEL 5

Die letzte Spielwelt, die ich mir vorgenommen habe, ist die Polizeistation (Produktnummer: 5176). Auch hier kann man viele verschiedene Dinge verändern, sowohl an der Station selbst, die für solche Modifikationen reichlich Raum bietet, als auch an den Fahrzeugen. Ein besonderes Highlight ist natürlich die Alarmanlage, die die Gefängniszelle mit dem Loch im Boden überwachen soll. Und das funktioniert sogar recht gut, weswegen dieser Teil in die Elektronik integriert wird.

Arduino und Raspberry Pi

Bei dieser Spielwelt kommt auch erstmalig ein Raspberry Pi zum Einsatz. Wie schon bei der Feuerwehr steuert der Arduino die Leitstelle. Er sorgt für die richtige Beleuchtung und löst den Alarm aus. Später in diesem Kapitel wird der Raspberry für eine Kameraüberwachung mit Gesichtserkennung benötigt. Dazu gleich vorweg: Die Gesichtserkennung ist (leider) ein Teil, der recht komplex ist. Und wenn Sie das System selber trainieren wollen, benötigen Sie neben einem leistungsstarken Raspberry Pi (am besten einen Raspberry Pi 2 oder 3) auch einen leistungsstarken PC, um die Trainingsdaten zu erzeugen. Und Sie brauchen viel Geduld, denn das Training dauert selbst auf leistungsstarken PCs mehrere Tage.

In diesem Kapitel werden Sie die Polizeistation nach und nach ausbauen. Später können Sie den Raspberry Pi und den Arduino über die serielle Schnittstelle miteinander verbinden, sodass alle Steuerungsmöglichkeiten auch vom Raspberry Pi aus angestoßen werden können. Das heißt, am Raspberry Pi können Sie später Alarm auslösen, die Zellentür öffnen und wieder schließen, den Flur oder die Eingangshalle per Ultraschall überwachen und sogar eine Kamera in der Eingangshalle steuern.

5.1 Verbessern der Überwachungskameras

Das Erste, was mir an der Polizeistation aufgefallen ist, sind die Überwachungskameras für außen. Sie werden unter das Dach der Station montiert. Bei näherem Hinsehen fällt auf, dass diese Kameras tatsächlich die gleichen Formteile sind wie bei den fest montierten Fernrohren aus anderen Sets. Dabei sind gleich zwei Sachen verbesserungswürdig:

- Erstens ist die Kamera für heutige Verhältnisse viel zu groß.
- Zweitens ist die Kamera, wenn sie unter der Decke hängt, falsch herum gebaut. Der Überstand der Kamera, der die Kamera vor Blendlicht der Sonne und anderen Witterungseinflüssen von oben schützen soll, ist unten. Abhilfe schafft ein einfacher Schnitt mit einem Messer. Und schon sind beide Probleme beseitigt.

Polizei-Überwachungskamera

Modernisierung der Polizeistation

Noch ein bisschen mit feinem Schleifpapier nacharbeiten und schon haben Sie eine moderne Überwachungskamera.

5.2 Umstellen der Außenbeleuchtung auf LED

In der Polizeiwache kann man viele Leuchten mit LEDs ausstatten. Um einen tolleren Effekt zu haben, statte ich die Stehlampen vor dem Gebäude mit neuen klaren Lampengläsern aus.

5.2.1 Klare Lampengläser für die Stehlampen

Stehlampe vor der Polizeistation

❶ Neue klare Lampengläser besorgen
Es gibt sie bei Playmobil als Ersatzteil (Playmobil-Ersatzteil 30251563, Wandlaternen-Kugel). In die Fassung könnte man z. B. eine weiße LED bauen, wie es bereits beschrieben worden ist.

❷ LED-Gehäuse mit Sandpapier anrauhen
Damit diese LED mehr Rundumlicht erzeugt, kann man das LED-Gehäuse mit sehr feinem Schleifpapier (400er-Korn) anrauen. Dadurch hat die LED einen größeren Abstrahlwinkel.
Einen besseren Effekt haben aber die schon benutzten RGB-LEDs vom Typ WS2812b. Sie benötigen zwar vier Leitungen, aber Sie können damit 16 Millionen Farben darstellen.

❸ Halter aus Lampenständer fräsen
Im Lampenständer muss der kreuzförmige Halter herausgefräst werden, damit Sie dort die LED einkleben können.

❹ Lampengehäuse etwas anschleifen
Das Lampengehäuse schleifen Sie zusätzlich mit 400er-Schleifpapier etwas an, damit man nicht direkt in die LED schauen kann, und kleben es auf die LED-Platine, sodass die eigentliche LED komplett im Inneren der Kugel verschwindet.

❺ Kabel entlang der Stütze verlegen
Die vier Kabel lassen Sie entlang der Stütze nach unten laufen. Sie können sie mithilfe eines Schrumpfschlauchs oder schwarzem Isolierband auch verstecken. Sehr schön sieht auch immer Gewebeschlauch aus. Er lässt sich zunächst durch Stauchen auf den entsprechenden Durchmesser bringen, damit man ihn über den Lampenfuß schieben kann.

KAPITEL 5

> **Wichtig!**
> GND (Ground) muss an beide Teile angeschlossen werden, also sowohl an den Arduino als auch an die neue Stromversorgung.

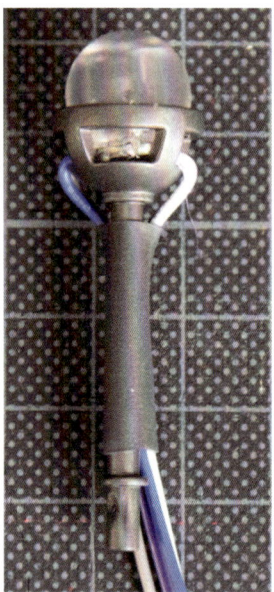

Fertig umgebaute Lampe.

Arduino-Pinbelegung Polizeipräsidium 1

6 Schlauch vor Verrutschen sichern

Danach kann man den Schrank durch Strecken wieder anliegend an den Lampenstab bringen. Oben und unten sollte man ihn mit etwas Modellbaukleber vor Verrutschen sichern.

7 Verkabeln der RGB-LEDs

Unter der Station verkabeln Sie alle RGB-LEDs so, dass immer der Datenausgang der LED mit dem Dateneingang der nächsten LED verbunden ist. Der Dateneingang der ersten LED wird an das Arduino-Board angeschlossen.

8 Stromversorgung der LEDs sichern

Achten Sie darauf, dass Sie die LEDs mit genügend Strom versorgen. Bis zu acht LEDs (ca. 500 mA) können Sie mit dem Arduino versorgen. Für mehr LEDs benötigen Sie eine externe Stromversorgung. Dabei verbinden Sie +5 V und GND mit der neuen Stromversorgung, der Dateneingang und GND (Ground) bleiben weiterhin mit dem Arduino verbunden.

Zusätzlich zu den verschiedenen RGB-Lampen können Sie natürlich noch verschiedene andere Lampen mit LEDs ausstatten: Schreibtischlampe, Außenscheinwerfer und andere.

9 Kontrollleuchten auch am Empfang

Auch am »Empfang« können Sie, wie schon bei der Feuerwache beschrieben, verschiedene Kontrollleuchten mit LEDs ausstatten. Diese lassen sich dann durch den Controller steuern.

Hier die Tabelle für den Anschluss der zu steuernden Komponenten. Gesteuert werden die LEDs nun über die serielle Schnittstelle.

Arduino-Pin	Funktionen
0,1	Kommunikation mit dem PC/Raspi
4	RGB-LED-Kette
10	Kontrollleuchte 1
11	Kontrollleuchte 2
12	Kontrollleuchte 3
13	Board-LED

10 Mit dem seriellen Motor testen

Zum Testen öffnen Sie, nach dem Hochladen des Sketches auf den Arduino, in der Arduino IDE den seriellen Monitor und stellen die Baudrate auf 9600 Baud ein. In der oberen Zeile können Sie mal folgenden Befehl eingeben: #0,255,0,0b.

Modernisierung der Polizeistation

Danach drücken Sie Enter und die angeschlossenen RGB-LEDs sollten nun alle rot blinken. Das genaue Befehlsformat ist im Quelltext angegeben.

Nach dem ersten Bauabschnitt sieht die Elektronik der Polizeistation so aus:

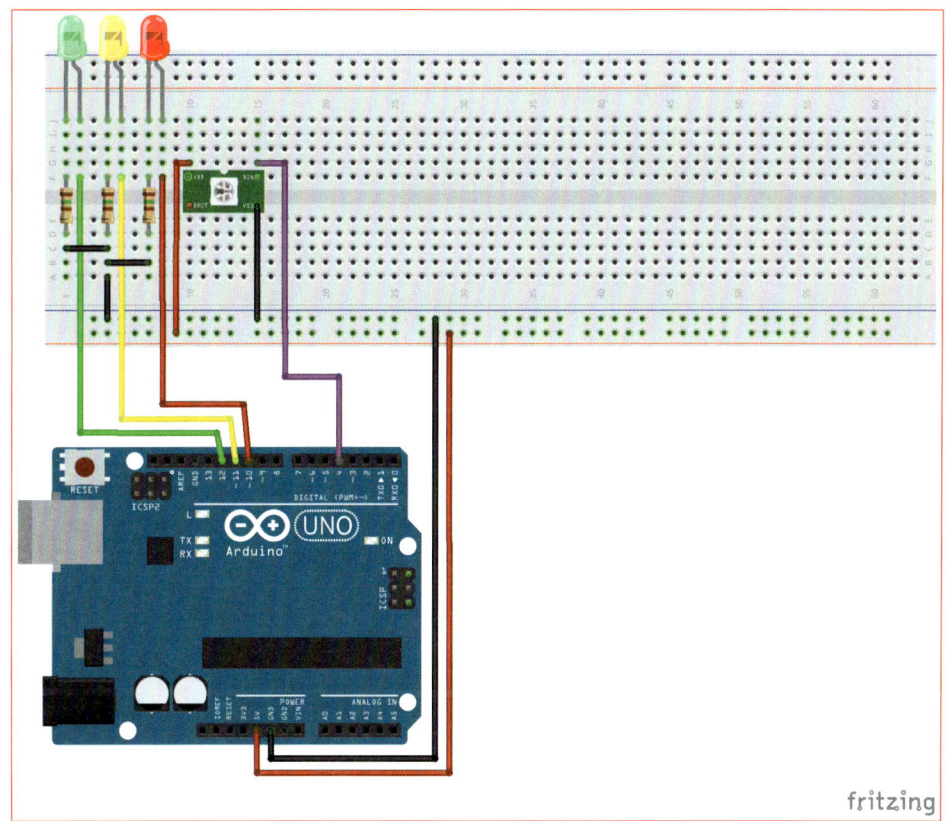

Steckplatine 1 für Polizeistation

5.2.2 Das Programm Polizeiwache_1.ino

Das Programm Polizeiwache_1.ino dient der Steuerung Polizeiwache. Die RGB-LEDs werden über Pin 4 mit Daten versorgt, während weitere zufällig gesteuerte LEDs die Ausgänge 10, 11 und 12 benutzen. Die Steuerung der Modi geht über die serielle Schnittstelle. Dabei werden Daten vom Host im Format „#index,r,g,b[,b']" ausgewertet. Die Variablen können nachfolgende Werte annehmen:

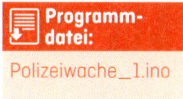

Programmdatei:
Polizeiwache_1.ino

index	0 für alle LEDs, 1..MAX_LEDS für eine einzelne LED
r	Integer-Wert der Farbe Rot 0..255
g	Integer-Wert der Farbe Grün 0..255

b	Integer-Wert der Farbe Blau 0..255
b	optionales Zeichen ‚b' für blinkend

```
016 #include "Adafruit_NeoPixel.h"
017
019 #define NUM_RGBLEDS 4
020
022 #define RGB_DATA_PIN 4
023
024 #define KONTROLL_1 10
025 #define KONTROLL_2 11
026 #define KONTROLL_3 12
027
028 uint32_t WEISS = Adafruit_NeoPixel::Color(255, 255, 255);
029 uint32_t WEISS_DUNKEL = Adafruit_NeoPixel::Color(64, 64, 64);
030 uint32_t SCHWARZ = Adafruit_NeoPixel::Color(0, 0, 0);
031 uint32_t ROT = Adafruit_NeoPixel::Color(255, 0, 0);
032
034 Adafruit_NeoPixel pixels = Adafruit_NeoPixel(NUM_RGBLEDS,
                                 RGB_DATA_PIN, NEO_GRB + NEO_KHZ800);
035
036 void setup() {
038   Serial.begin(9600);
040   pixels.begin();
042   Serial.println("Polizei 1 V0.1");
043   clearLEDs();
044
045   pinMode(KONTROLL_1, OUTPUT);
046   digitalWrite(KONTROLL_1, 0);
047   pinMode(KONTROLL_2, OUTPUT);
048   digitalWrite(KONTROLL_2, 0);
049   pinMode(KONTROLL_3, OUTPUT);
050   digitalWrite(KONTROLL_3, 0);
051   pinMode(LED_BUILTIN, OUTPUT);
052   digitalWrite(LED_BUILTIN, 0);
053
054   randomSeed(analogRead(0));
055 }
056
057 long time = 0;
058 boolean blink = false;
059
060 void loop() {
061   time = millis() / 500;
062   if (Serial.available() > 0) {
063     processPCData();
064   }
065   if (blink) {
```

- Anzahl der RGB-LEDs
- Datenpin der RGB-LEDs
- Initialisieren der WS2812b
- Initialisieren der seriellen Verbindung zum Host
- NeoPixel-Bibliothek starten
- Willkommensmeldung ausgeben

Modernisierung der Polizeistation

```
066     if ((time % 2) == 0) {
067       pixels.setBrightness(255);
068     } else {
069       pixels.setBrightness(1);
070     }
071   }
072   pixels.show();
073
074   doKontroll();
075   delay(100);
076 }
077
079 long zeitKontroll1, zeitKontroll2, zeitKontroll3;
080
081 void doKontroll() {
082   long aktuelleZeit = millis();
083   if (zeitKontroll1 < aktuelleZeit) {
084     zeitKontroll1 = aktuelleZeit + random(5000);
085     digitalWrite(KONTROLL_1, !digitalRead(KONTROLL_1));
086   }
087   if (zeitKontroll2 < aktuelleZeit) {
088     zeitKontroll2 = aktuelleZeit + random(5000);
089     digitalWrite(KONTROLL_2, !digitalRead(KONTROLL_2));
090   }
091   if (zeitKontroll3 < aktuelleZeit) {
092     zeitKontroll3 = aktuelleZeit + random(5000);
093     digitalWrite(KONTROLL_3, !digitalRead(KONTROLL_3));
094   }
095 }
096
097 void processPCData() {
099   char myChar = Serial.read();
100   if (myChar == '#') {
103     int index = Serial.parseInt();
104     int red = Serial.parseInt();
105     int green = Serial.parseInt();
106     int blue = Serial.parseInt();
107     byte myChar = Serial.read();
108     if (myChar == ',') {
109       myChar = Serial.read();
110     }
111     if (myChar == 'b') {
112       blink = true;
113       myChar = Serial.read();
114     } else {
115       blink = false;
116     }
117     if (myChar == '*') {
118       index = constrain(index, 0, NUM_RGBLEDS);
```

Kontroll-LEDs schalten

Erstes Zeichen muss ein ‚#' sein

Jetzt zunächst den Index und die drei Farben lesen. Danach das b oder das Ende-Kennzeichen.

```
119       red = constrain(red, 0, 255);
120       green = constrain(green, 0, 255);
121       blue = constrain(blue, 0, 255);
122
123       Serial.print(index);
124       Serial.print(':');
125       Serial.print(red, HEX);
126       Serial.print('.');
127       Serial.print(green, HEX);
128       Serial.print('.');
129       Serial.println(blue, HEX);
130       clearLEDs();
131       pixels.setBrightness(255);
132       showColor(index, pixels.Color(red, green, blue));
133     } else {
134       clearLEDs();
135     }
136   }
137 }
138
140 void showColor(int index, uint32_t color) {
141   if (index == 0) {
142     // Farbe für alle LEDs setzen
143     for (int i = 0; i < NUM_RGBLEDS; i++) {
144       setLED(i, color);
145     }
146   } else {
148     setLED(index - 1, color);
149   }
151   pixels.show();
152 }
153
155 void setLED(byte index, uint32_t color) {
156   index = index % NUM_RGBLEDS;
157   pixels.setPixelColor(index, color);
158 }
159
161 void clearLEDs() {
162   for (int i = 0; i < NUM_RGBLEDS; i++) {
163     setLED(i, pixels.Color(0, 0, 0));
164   }
165   pixels.show();
166 }
```

- Farbe für die gewünschten LEDs setzen.
- Farbe nur für eine LED setzen.
- Jetzt anzeigen.
- Eine LED auf Farbe setzen
- Alle Farben löschen

5.3 Automatisches Türsystem für die Haftzelle

Als Nächstes bekommt die Zellentür einen Motor. Dazu wird ein handelsüblicher Modellbauservomotor verwendet. Es gibt die Servos in

Modernisierung der Polizeistation

unterschiedlichen Größen. Eventuell haben Sie noch einen unbenutzten Servo. Achten Sie darauf, dass bei dem Servo ein großer Hebel dabei ist. Denn um die Tür zu öffnen und zu schließen, benötigen Sie einen Hebelweg von ca. 5 cm.

1 Servomotor für die Zellentür
Da die Tür leichtgängig ist, brauchen Sie keinen besonders kräftigen Servo. Den Servo kleben Sie mit Montageband – das ist doppelseitiges Klebeband, das zwischen den beiden Klebeseiten eine dünne Schaumschicht hat.

2 Messingdraht für die Verbindung
Die Verbindung zwischen Servo und Tür übernimmt ein kleines Stück 1 mm starker Messingdraht.

3 Messingdraht in Form biegen
Auf der einen Seite biegen Sie eine kleine Öse, die so groß ist, dass eine 2-mm-Schraube gerade hindurchpasst. Diese Öse winkeln Sie um 90° ab. Auf der anderen Seite, nach ca. 7 cm, biegen Sie ein »S« in den Draht (siehe Abbildung).
Der innere, gerade Abschnitt sollte etwas länger als die Dicke des Hebels sein. Den genauen Abstand ermitteln Sie, indem Sie sowohl die Tür als auch den Servo in Mittelstellung bringen. Die Länge ist der Abstand zwischen der Lochreihe auf dem Servohebel und der rechten Türseite.

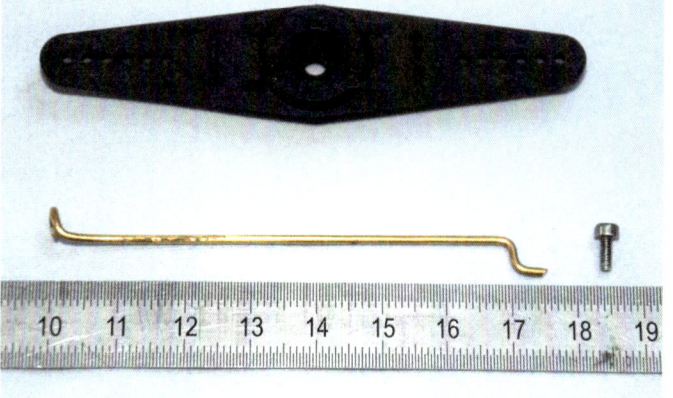

Teile für den Zellentür-Antrieb

4 Kleine Befestigungsschraube besorgen
Als Schraube eignet sich eine kleine Festplattenschraube sehr gut. Falls nicht vorhanden, können Sie auch eine kleine 2-mm-Schraube, die maximal 5 mm lang ist, verwenden.

5 Messingdraht an die Zellentür schrauben
Der Draht wird mithilfe der Schraube an der Tür befestigt. Dazu bohren Sie an der entsprechenden Stelle an der äußeren Stange der Tür ein kleines Loch mit 1,2 mm Durchmesser.

6 Draht in den Servohebel fädeln
Dann schrauben Sie den Draht mit der Schraube fest an die Tür und fädeln den Draht in den Servohebel. Diesen können Sie nun auf den Servo stecken und vorsichtig mit der Hand auf Funktion prüfen.

KAPITEL 5

Der fertige Antrieb für die Zellentür

❼ Steuerungslogik für den Türöffner

Gesteuert wird der Türöffner von der Logik, die auch die vorhergehende Beleuchtung und später den Alarm verwalten wird. Dazu benötigen Sie lediglich zwei weitere Pins. Einen als Ausgang für die Steuerung des Servos und einen Eingangspin für den externen Türtaster.

Somit kann man die Tür auch bequem ohne Steuerkommando öffnen und schließen. Damit man weiß, dass die Tür geöffnet oder geschlossen wird, ertönt vor dem eigentlichen Öffnungs- bzw. Schließvorgang ein Signalton aus einem Lautsprecher.

❽ Schiebeweg des Motors bestimmen

Um den genauen Schiebeweg des Servos zu bestimmen, laden Sie den Tuer_Test-Sketch in den Arduino. Dieser stellt den Servo zunächst auf Mittelstellung ein.

Modernisierung der Polizeistation

Mithilfe eines Potis an A0 können Sie dann den Servo so verstellen, dass die Tür in der einen Richtung auf und in der anderen Richtung geschlossen ist. Während des Stellvorgangs werden die aktuellen Werte der Servosteuerung auf dem seriellen Monitor ausgegeben.

9 Kalibrieren der Servologik

Die Servo-Bibliothek arbeitet mit direkter Gradeinstellung. Das heißt, sie übernimmt Werte von 0° bis 180°, wobei 90° die Mittelstellung des Servos sein soll. Das stimmt aber natürlich mit den Servos nur selten überein. Deshalb benötigt die Servologik eine Kalibrierung. Merken Sie sich die beiden Werte für Tür offen und Tür zu und tragen Sie sie in die entsprechenden Konstanten des Polizeistation_2-Sketches ein.

```
const byte MOTOR_TUER_AUF = 220;
const byte MOTOR_TUER_ZU = 70;
```

Der Modellbauservo wird mittels eines Kabels gesteuert. Der Aufbau des 3-poligen Kabels eines Servos ist folgender:

Pin 1 Masseanschluss
Pin 2 +5 V
Pin 3 Signal

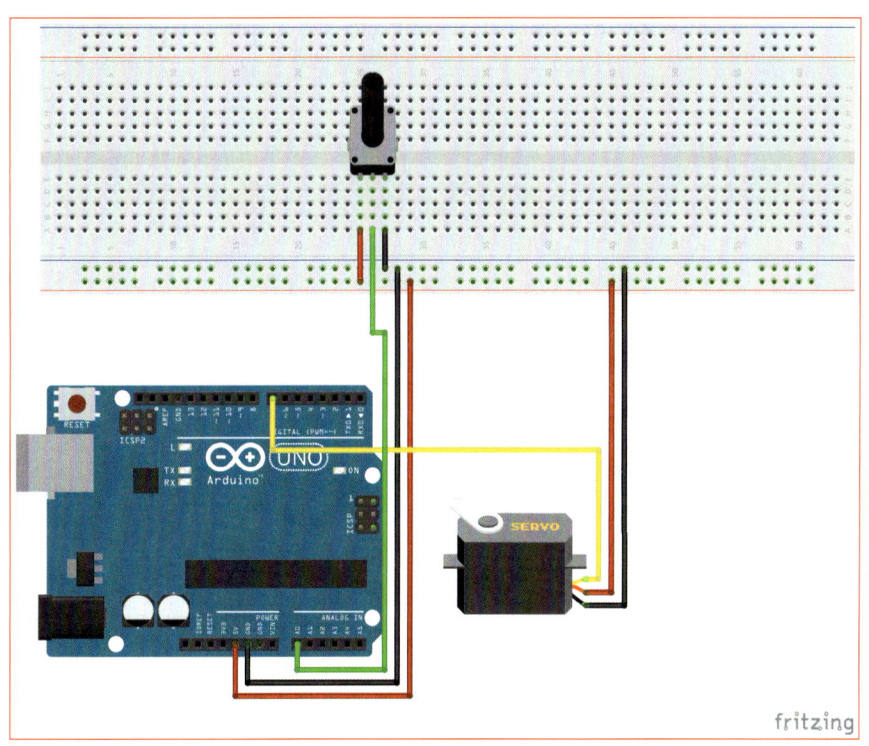

Die Steckplatine im Tür-Test

KAPITEL 5

Das Signal für den Servo ist ein PCM-Signal. In der Breite des Impulses wird die Stellung kodiert, wobei ein Wert von 1 ms den Endpunkt in der einen Richtung und 2 ms den maximalen Ausschlag in der anderen Richtung definiert. Danach folgt eine Pause.

Beim Arduino gibt es bereits standardmäßig eine fertige Bibliothek, die die entsprechende Pulsgenerierung automatisch übernimmt. Somit braucht man sich nicht selber um die korrekte Erzeugung des Signals kümmern. Einen Miniservo können Sie problemlos direkt mit dem Arduino versorgen.

Größere Servos benötigen aber mehr Strom und sollten direkt aus einem Akku versorgt werden. Dazu muss man den +5-V- und den GND-Anschluss direkt mit dem Akku verbinden. PCM-Signal und GND (Ground, Masse) müssen weiterhin mit dem Arduino verbunden sein. Achten Sie auf die Versorgungsspannung des Servos und auf die Stromquelle.

Wenn alles wie erwartet funktioniert, können Sie den Hebel kürzen und den Servo verkleiden.

5.3.1 Anschluss der Komponenten

Arduino-Pinbelegung Polizeipräsidium 2

Arduino-Pin	Funktionen
0,1	Kommunikation mit dem PC
3	Lautsprecher (mit 250-Ohm-Vorwiderstand)
4	RGB-LED-Kette
6	Taster Tür manuell
7	Servo
10	Kontrollleuchte 1
11	Kontrollleuchte 2
12	Kontrollleuchte 3
13	Board-LED

5.3.2 Das Programm Tuer_Test.ino

Das Programm Tuer_test.ino dient dem Testen der Servoansteuerung der Zellentür. Der Servoausgang wird an Pin 7 angeschlossen. Der mittlere Pin des Potis kommt an Pin A0. Mittels des analogen Eingangs wird nun die Spannung am Poti gemessen. Es ergibt sich ein Wertebereich zwischen 0 und 1023 (0-5 V), der auf die theoretische Gradeinstellung des Servos gemappt wird.

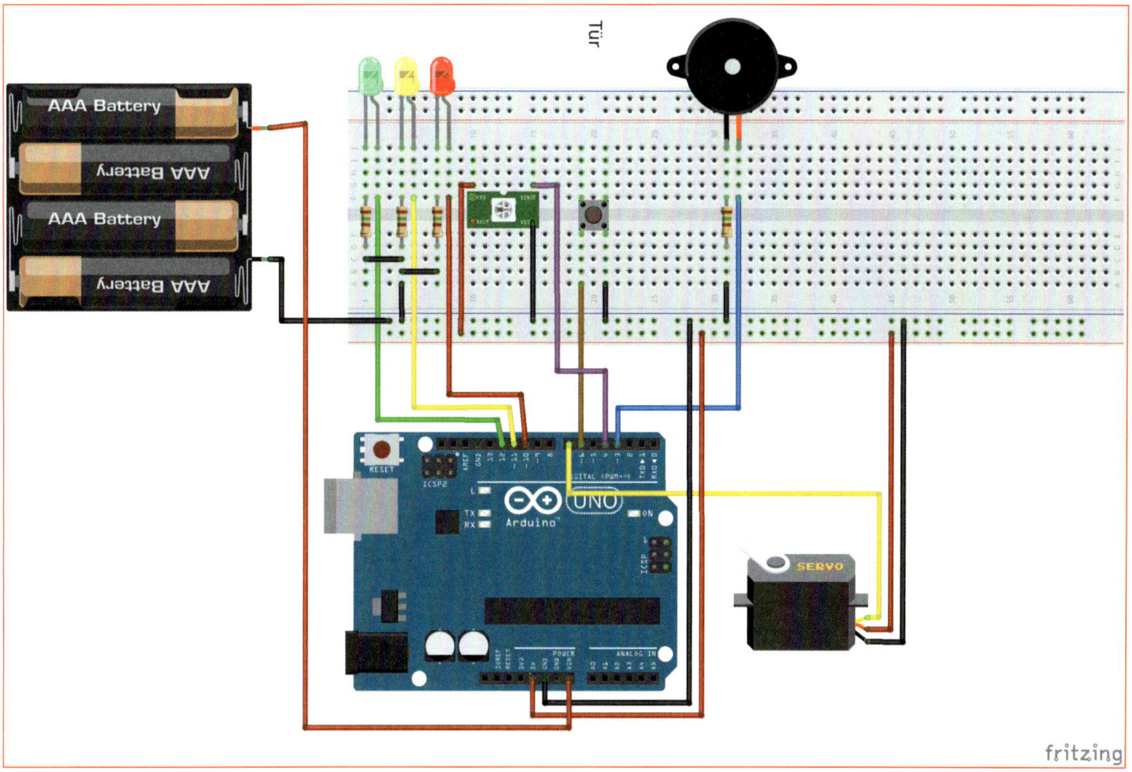

Modernisierung der Polizeistation

Steckplatine 2 für die Polizeitstation

Der Wert (0-180°) wird dann an den Servo übergeben und auch auf der serielle Schnittstelle ausgegeben. Hat man die beiden Endwerte bestimmt, können sie in das Hauptprogramm übertragen werden.

Programm-
datei:
Tuer_Test.ino

```
013 #include <Servo.h>
014
015 Servo myServo;
016
017 #define MOTOR_TUER 7
018 #define POTI 0
019
020 byte servoMin, servoMax;
021
022 void setup() {
023   // Initialisieren der seriellen Verbindung zum Host
024   Serial.begin(9600);
025   Serial.println("Polizei Türtest V0.1");
026
027   myServo.attach(MOTOR_TUER);
028   servoMin = 90;
029   servoMax = 90;
```

```
030 }
031
032 void loop() {
033   word val = analogRead(POTI);
034   byte servo = map(val, 0, 1023, 0, 180);
035   if (servo > servoMax) {
036     servoMax = servo;
037   }
038   if (servo <servoMin) {
039     servoMin = servo;
040   }
041   Serial.print(servo);
042   Serial.print(", min:");
043   Serial.print(servoMin);
044   Serial.print(", max:");
045   Serial.print(servoMax);
046   Serial.println();
047   myServo.write(servo);
048   delay(100);
049 }
```

5.3.3 Das Programm Polizeiwache_2.ino

Das Programm Polizeiwache_2.ino wurde um die Türsteuerung erweitert. Neben dem Tasterbetrieb kann die Tür auch über die serielle Schnittstelle gesteuert werden. Hierzu geben Sie einfach »dc« + Enter (door close) oder »do« + Enter (door open) in den seriellen Monitor ein und die Tür öffnet bzw. schließt sich.

Das folgende Programm Polizeiwache_2.ino dient der Steuerung der Polizeiwache. Die RGB-LEDs werden über Pin 4 mit Daten versorgt, während weitere zufällig gesteuerte LEDs die Ausgänge 10, 11 und 12 benutzen. Die Steuerung der Modi geht über die serielle Schnittstelle. Dabei werden Daten vom Host im Format „#index,r,g,b[,b']" ausgewertet. Die Variablen können folgende Werte einnehmen:

index	0 für alle LEDs, 1..MAX_LEDS für eine einzelne LED.
r	Integer-Wert der Farbe Rot 0..255
g	Integer-Wert der Farbe Grün 0..255
b	Integer-Wert der Farbe Blau 0..255
b	optionales Zeichen ‚b' für blinkend

Zusätzlich wird nun auch die Steuerung der Zellentür übernommen. Der Servo wird an Pin 7 angeschlossen, ein zusätzlicher Taster zur manuellen Türöffnung kommt an Pin 6. Bevor die Tür geöffnet oder geschlossen wird, wird ein Signal an den an Pin 3 angeschlossenen Lautsprecher ausgege-

Modernisierung der Polizeistation

ben. Über die Schnittstelle kann die Tür mit „do" oder „dc" geöffnet oder geschlossen werden.

```
020 #include <Servo.h>
021 #include "Adafruit_NeoPixel.h"
022
024 #define NUM_RGBLEDS 4
025
027 #define RGB_DATA_PIN 4
028
029 #define BEEPER 3
030 #define TASTER_TUER 6
031 #define MOTOR_TUER 7
032 #define KONTROLL_1 10
033 #define KONTROLL_2 11
034 #define KONTROLL_3 12
035
036 const byte MOTOR_TUER_AUF = 160;
037 const byte MOTOR_TUER_ZU = 30;
038
039 uint32_t WEISS = Adafruit_NeoPixel::Color(255, 255, 255);
040 uint32_t WEISS_DUNKEL = Adafruit_NeoPixel::Color(64, 64, 64);
041 uint32_t SCHWARZ = Adafruit_NeoPixel::Color(0, 0, 0);
042 uint32_t ROT = Adafruit_NeoPixel::Color(255, 0, 0);
043
045 Adafruit_NeoPixel pixels = Adafruit_NeoPixel(NUM_RGBLEDS,
                                RGB_DATA_PIN, NEO_GRB + NEO_KHZ800);
046 Servo tuerServo;
047 boolean tuerOffen;
048
049 void setup() {
051   Serial.begin(9600);
053   pixels.begin();
055   Serial.println("Polizei 2 V0.1");
056   clearLEDs();
057
058   pinMode(KONTROLL_1, OUTPUT);
059   digitalWrite(KONTROLL_1, 0);
060   pinMode(KONTROLL_2, OUTPUT);
061   digitalWrite(KONTROLL_2, 0);
062   pinMode(KONTROLL_3, OUTPUT);
063   digitalWrite(KONTROLL_3, 0);
064   pinMode(LED_BUILTIN, OUTPUT);
065   digitalWrite(LED_BUILTIN, 0);
066
067   pinMode(TASTER_TUER, INPUT_PULLUP);
068   randomSeed(analogRead(0));
069   tuerServo.attach(MOTOR_TUER);
070   delay(1000);
```

Programmdatei: Polizeiwache_2.ino

- Anzahl der RGB-LEDs
- Datenpin der RGB-LEDs
- Initialisieren der WS2812B
- Initialisieren der seriellen Verbindung zum Host
- NeoPixel-Bibliothek starten
- Willkommensmeldung ausgeben

KAPITEL 5

Kontroll-LEDs schalten

```
071   schliesseTuer();
072
073   Serial.println("ready");
074 }
075
076 long time = 0;
077 boolean blink = false;
078
079 void loop() {
080   time = millis() / 500;
081   if (Serial.available() > 0) {
082     processPCData();
083   }
084   if (digitalRead(TASTER_TUER) == 0) {
085     waitOnHigh(TASTER_TUER);
086     if (tuerOffen) {
087       schliesseTuer();
088     } else {
089       oeffneTuer();
090     }
091   }
092
093   if (blink) {
094     if ((time % 2) == 0) {
095       pixels.setBrightness(255);
096     } else {
097       pixels.setBrightness(1);
098     }
099   }
100   pixels.show();
101
102   doKontroll();
103   delay(100);
104 }
105
107 long zeitKontroll1, zeitKontroll2, zeitKontroll3;
108
109 void doKontroll() {
110   long aktuelleZeit = millis();
111   if (zeitKontroll1 < aktuelleZeit) {
112     zeitKontroll1 = aktuelleZeit + random(5000);
113     digitalWrite(KONTROLL_1, !digitalRead(KONTROLL_1));
114   }
115   if (zeitKontroll2 < aktuelleZeit) {
116     zeitKontroll2 = aktuelleZeit + random(5000);
117     digitalWrite(KONTROLL_2, !digitalRead(KONTROLL_2));
118   }
119   if (zeitKontroll3 < aktuelleZeit) {
120     zeitKontroll3 = aktuelleZeit + random(5000);
```

Modernisierung der Polizeistation

```
121      digitalWrite(KONTROLL_3, !digitalRead(KONTROLL_3));
122    }
123  }
124
125  void  processPCData() {
127    char myChar = Serial.read();
128    if (myChar == '#') {
131      int index = Serial.parseInt();
132      int red = Serial.parseInt();
133      int green = Serial.parseInt();
134      int blue = Serial.parseInt();
135      byte myChar = Serial.read();
136      if (myChar == ',') {
137        myChar = Serial.read();
138      }
139      if (myChar == 'b') {
140        blink = true;
141        myChar = Serial.read();
142      } else {
143        blink = false;
144      }
145      if (myChar == '*') {
146        index = constrain(index, 0, NUM_RGBLEDS);
147        red = constrain(red, 0, 255);
148        green = constrain(green, 0, 255);
149        blue = constrain(blue, 0, 255);
150
151        Serial.print(index);
152        Serial.print(':');
153        Serial.print(red, HEX);
154        Serial.print('.');
155        Serial.print(green, HEX);
156        Serial.print('.');
157        Serial.println(blue, HEX);
158        clearLEDs();
159        pixels.setBrightness(255);
160        showColor(index, pixels.Color(red, green, blue));
161      } else {
162        clearLEDs();
163      }
164    } else if (myChar == 'd') {
166      myChar = Serial.read();
167      if (myChar == 'o') {
168        oeffneTuer();
169      } else {
170        schliesseTuer();
171      }
172    }
173  }
```

> Erstes Zeichen muss ein ‚#' sein.

> Jetzt zunächst den Index und die 3 Farben lesen. Danach das b oder das Ende-Kennzeichen.

> Tür vom PC aus öffnen und schließen

```
174
175  void oeffneTuer() {
176    if (!tuerOffen) {
177      tuerOffen = true;
178      Serial.println("do");
179      tone(BEEPER, 1000, 250);
180      delay(1000);
181      tuerServo.write(MOTOR_TUER_AUF);
182    }
183  }
184
185  void schliesseTuer() {
186    if (tuerOffen) {
187      tuerOffen = false;
188      Serial.println("dc");
189      tone(BEEPER, 1000, 250);
190      delay(1000);
191      tuerServo.write(MOTOR_TUER_ZU);
192    }
193  }
194
196  void showColor(int index, uint32_t color) {
197    if (index == 0) {
198      // Farbe für alle LEDs setzen
199      for (int i = 0; i < NUM_RGBLEDS; i++) {
200        setLED(i, color);
201      }
202    } else {
204      setLED(index - 1, color);
205    }
207    pixels.show();
208  }
209
211  void setLED(byte index, uint32_t color) {
212    index = index % NUM_RGBLEDS;
213    pixels.setPixelColor(index, color);
214  }
215
217  void clearLEDs() {
218    for (int i = 0; i < NUM_RGBLEDS; i++) {
219      setLED(i, pixels.Color(0, 0, 0));
220    }
221    pixels.show();
222  }
223
224  void waitOnHigh(byte pin) {
225    while (digitalRead(pin) == 0) {
226      delay(100);
227    }
228  }
```

- Farbe für die gewünschten LEDs setzen (lines 196–)
- Farbe nur für eine LED setzen (line 204)
- Eine LED auf eine bestimmte Farbe setzen (line 211)
- Alle Farben löschen (line 217)

Modernisierung der Polizeistation

5.4 Gebäudeüberwachung mittels Ultraschallmodul

Neben dem vorgefertigten Ausbruchsszenario durch das im Boden vorhandene Loch, das bereits mit dem mitgelieferten Alarmmodul überwacht wird, können Sie mithilfe des Ultraschallmoduls eine weitere Überwachung hinzufügen. So kann man z. B. den Flur vor der Zelle oder den Eingang ins Polizeipräsidium überwachen. Sollte ein Insasse versuchen, die Zellentür von innen zu öffnen und auf den Flur hinauszutreten, wird Alarm ausgelöst. Auf der Steckplatine sehen Sie schon die nächste Erweiterung mit dem MP3-Modul. Im Programm wird es aber noch nicht berücksichtigt.

5.4.1 Blick auf den Aufbau der Elektronik

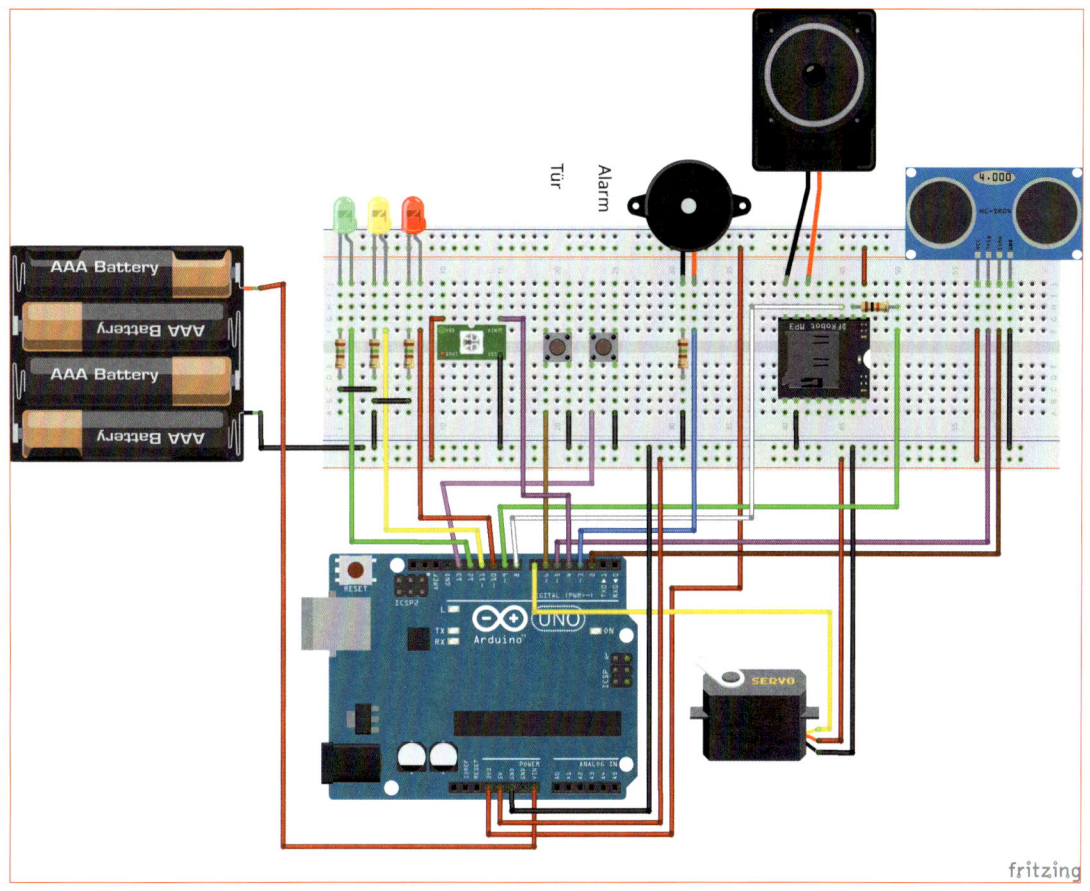

Steckplatine mit zusätzlichem Ultraschall- und MP3-Modul

Neben dem noch nicht benutzen MP3-Modul ist ein zusätzlicher Taster (Alarm) eingebaut. Mit diesem kann ein bereits vorhandener Alarm ausgeschaltet werden. Wenn kein Alarm ist, schaltet dieser Taster das Ultraschallmodul ein bzw. wieder aus. Beide Zustände werden mit einem kurzen akustischen Signal quittiert.

Arduino-Pin	Funktionen
0,1	Kommunikation mit dem PC/Raspberry
2	Echo (Ultraschallmodul)
3	Lautsprecher mit Vorwiderstand
4	RGB-LED-Kette
5	Trigger (Ultraschallmodul)
6	Taster Tür manuell
7	Servo
8	(RX-MP3-Modul)
9	(TX-MP3-Modul)
10	Kontrollleuchte 1
11	Kontrollleuchte 2
12	Kontrollleuchte 3
13	Taster Alarm

5.4.2 Raspberry Pi via USB mit Arduino verbinden

Den Raspberry Pi verbinden wir nun über den USB-Anschluss mit dem Arduino. Zusätzlich zur Arduino-IDE, die Sie natürlich auch auf dem Raspberry installieren können, benötigen Sie die Python-Bibliothek python-serial. Der zugeordnete Port heißt normalerweise `ttyACM0`. Über ihn können Sie mithilfe von kleinen Python-Skripten den Arduino und somit die Polizeiwache steuern.

Programm-datei: arduino.py

Ein kleines Beispielskript, das die RGB-LEDs rot schaltet:

```python
#!/usr/bin/python
# arduino.py
###############
import serial
for com in range(0,4):
  try:
    PORT = '/dev/ttyACM'+str(com)
    BAUD = 9600
    board = serial.Serial(PORT,BAUD)
    board.close()
    break
  except:
    pass
DEVICE = '/dev/ttyACM'+str(com)
BAUD = 9600
ser = serial.Serial(DEVICE, BAUD)
```

Arduino suchen

Alle RGB-LEDS auf Rot.

Modernisierung der Polizeistation

```
019
020  ser.write('#0,255,0,0b\r\n')
021
022  #ser.write('do\r\n')    // Tür öffnen
023  #ser.write('dc\r\n')    // Tür schließen
```

5.5 Fernsteuerung für den SEK-Einsatztruck

Das SEK-Einsatztruck von Playmobil (Produktnummer: 5564) ist ein recht geräumiges Fahrzeug. Es hat ein Licht- und Soundmodul und kann mit dem Fernsteuerungsmodul ferngesteuert werden. Sonderfunktionen wie z. B. das Blaulicht und die Sirene lassen sich aber nicht durch die Fernsteuerung bedienen. Weiter vorne im Buch haben Sie ja bereits das Brandmeisterfahrzeug mit fernsteuerbarer Beleuchtung und Blaulicht ausgestattet.

5.5.1 Umbau des SEK-Einsatztrucks

Mit dem SEK-Einsatztruck gehe ich einen etwas anderen Weg und einen Schritt weiter. Zwar werden die Teile der originalen Fernsteuerung verbaut, aber der Empfänger wird diesmal durch einen selbstgebauten Empfänger auf RCArduino-Basis ersetzt. Für das Fahrzeug wird die RCArduino-App als Fernsteuerung verwendet. Damit können Sie neben dem Blaulicht und der Sirene weitere Lichter steuern. Und natürlich können Sie noch Erweiterungen vorsehen, z. B. können Sie mithilfe des MP3-Moduls verschiedene Audioeffekte ablaufen lassen oder mithilfe des Ultraschallmoduls automatisch Hindernissen ausweichen.

❶ **L298-Modul für Hauptmotor und Lenkung**
Zunächst benötigen Sie für den Umbau das L298-Modul, das bereits beim Baukranprojekt vorgestellt und verwendet wurde. Mithilfe dieses Moduls werden Sie sowohl den Hauptmotor als auch den Servomotor für die Lenkung betreiben.

❷ **Hauptmotor anschließen**
Der Hauptmotor wird wie beim Baukran einfach an die beiden Ausgänge von Kanal 1 des Moduls angeschlossen.

❸ **Servomotor anschließen**
Beim Servo ist der Anschluss leider deutlich komplizierter. Das Anschlusskabel besteht aus fünf Adern. Zwei Adern sind direkt mit dem Motor verbunden, die anderen drei Adern sind mit dem eingebauten Potenziometer verbunden, das die aktuelle Stellung des Servos angibt.

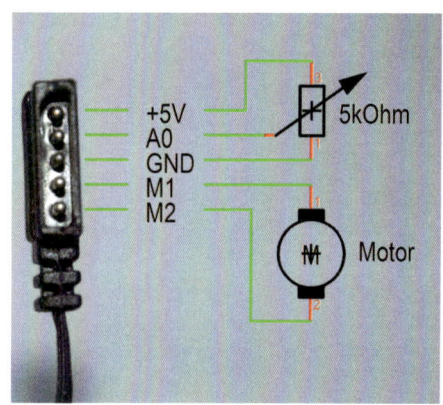

Der Servostecker

Bevor Sie nun einfach den Servostecker abkneifen, sollten Sie sich die Adern für den Motor und das Potenziometer markieren.

Der Motor des Servos wird an Kanal 2 des L298-Moduls angeschlossen. Das Potenziometer wird als Spannungsteiler verwendet. Das heißt, die beiden äußeren Anschlüsse kommen auf +5 V und GND (Masse). Der mittlere Anschluss kommt auf einen Analogeingang des Empfänger-Arduinos.

Für den Anschluss des Servos gibt es insgesamt vier verschiedene Varianten, die man ausprobieren kann. Zwei Varianten funktionieren, bei den anderen beiden läuft der Servo direkt auf eine Endposition. Ist das der Fall, müssen Sie entweder den Anschluss des Motors oder die beiden äußeren Anschlüsse des Potenziometers vertauschen.

Das nachfolgende kleine Testprogramm hilft, den richtigen Anschluss zu finden. Es lässt den Servo immer langsam von links nach rechts und wieder zurück laufen.

❹ Blaulicht und Sirene modifizieren

Für das Blaulicht und die Sirene hat Playmobil das gleiche Modul wie beim Brandmeisterfahrzeug eingesetzt. Somit können Sie hier die gleichen Modifikationen vornehmen oder einfach das Modul des Brandmeisterfahrzeugs wiederverwenden.

❺ Einbau der Fahrzeugleuchten

Neben den reinen Fahrfunktionen wollen Sie natürlich auch die Leuchten am Fahrzeug steuern und einbauen. Zum Glück ist das Fahrzeug entsprechend geräumig und doch erfordert der Einbau etwas modellbauerisches Geschick. Im Prinzip machen Sie es am besten wie im Brandmeisterfahrzeug auch.

❻ Aufbau auf einer Lochraster-Platine

Bauen Sie zunächst auf einer Lochraster-Platine die einzelnen Leuchten mit den LEDs auf. Den gesamten Schaltplan und das Layout habe ich in zwei Teile unterteilt, damit das Ganze übersichtlicher ist. Auch hier gilt: Probieren Sie es zunächst auf einer Steckplatine oder mit einer Lochrasterplatine aus, bevor Sie die Teile in das Fahrzeug einbauen. Bei Verkabelungsproblemen kommt man sonst sehr schlecht an die eingebauten Teile heran.

Modernisierung der Polizeistation

❼ Module in das Fahrzeug einbauen
Diese kleinen Module bauen Sie dann in das Fahrzeug ein und verlegen die Kabel zu dem Modul mit den Vorwiderständen.

❽ Oberteil vom Unterteil des Trucks lösen
Die Teile des Trucks sind nur geklipst. Lösen Sie die Klipse auf der Unterseite im Uhrzeigersinn. Dann können Sie das Oberteil mit etwas Kraft vom Unterteil lösen.

❾ Hecklampen einbauen
Die Hecklampen kann man direkt in die beiden Kammern links und rechts einbauen. Dazu bohrt man von außen die entsprechenden Löcher in den Kunststoff. Etwas Vorsicht muss man wegen des Aufklebers walten lassen, da er leicht reißt.

❿ Frontscheinwerfer einbauen
Die Frontscheinwerfer baut man am besten in das schwarze Teil ein, das direkt hinter dem Acrylglaseinsatz liegt. Das Teil kann man mühelos ausbauen und dort dann die entsprechenden Bohrungen vornehmen. Achten Sie darauf, dass die Bohrungen mit den Linsen im Acryl übereinstimmen, sonst schielt Ihr Fahrzeug. Auch hier kommt die weiße LED nach innen und die gelben Blinkers nach außen. Diese können Sie mit einem Stück Flachbandkabel mit dem Arduino verbinden.

Layout der LED-Beleuchtung des Einsatzfahrzeugs

⓫ Bester Platz für die Elektronik
Der günstigste Ort für den Einbau der kompletten Elektronik in das Fahrzeug ist der Platz direkt hinter der ersten Sitzreihe. Hier können Sie aus zwei Teilen Kunststoff oder Sperrholz eine kleine »Kabine« abteilen und dort die gesamte Elektronik unterbringen.

Der zweite Teil der Elektronik beinhaltet die Steuerung, also den Empfang der Fernsteuerdaten, die Ausgabe an das MP3-Modul und die Motorsteuerung.

Wenn Sie zählen, werden Sie feststellen, dass Sie drei serielle Schnittstellen benötigen. Die erste Schnittstelle ist die Nabelschnur zum PC, die zweite serielle Schnittstelle wird für das RCArduino-Empfangsmodul verwendet und die dritte Schnittstelle benötigt das MP3–Modul.

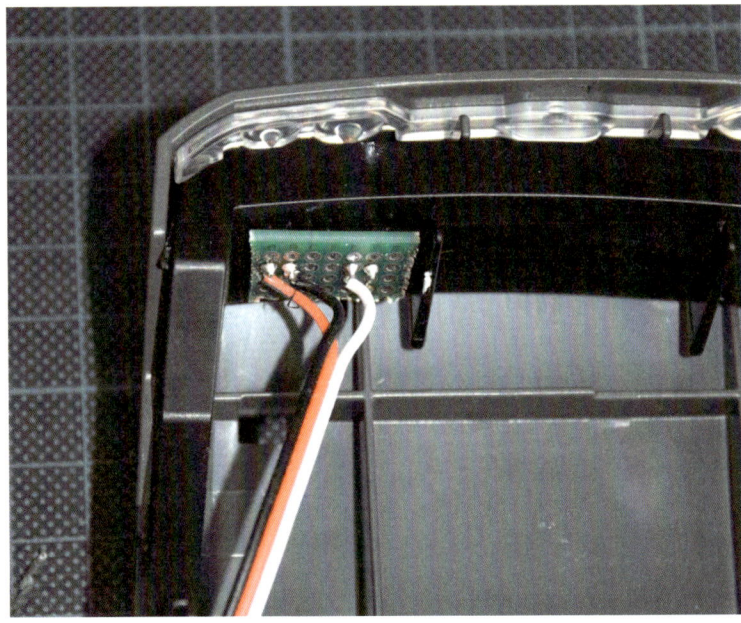

Einbau-Frontscheinwerfer

Dazu gibt es zwei Lösungswege:

Sie verwenden die SoftSerial-Bibliothek und dann die Anschlüsse 7 und 12 für eine dritte serielle Schnittstelle. Die SoftSerial-Bibliothek emuliert eine serielle Schnittstelle an jedem beliebigen Pin. Das Problem bei der SoftSerial-Bibliothek ist die hohe Rechenbelastung während der Kommunikation mit dem MP3-Modul. Das kann dazu führen, dass kurzzeitig keine weiteren Steuerbefehle vom RCArduino-Modul übertragen werden können.

Zum Glück ist die Kommunikation mit dem MP3 nur sehr kurzzeitig, sodass der Ausfall der Kommunikation mit dem RCArduino nicht ins Gewicht fallen sollte. Falls Sie jedoch bemerken, dass das Fahrzeug bei laufendem MP3-Modul nicht mehr richtig reagiert, sollten Sie diese Störungsmöglichkeit kennen. Die auf den Pins 7 und 12 liegenden LEDs müssen dann, wie schon die Blinker-LEDs, auf die noch freien analogen Eingänge gelegt werden. Auch die analogen Eingänge können als normale Ausgänge verwendet werden. A0 ist dann D14, A1 ist D15. In dem folgenden Programm verwende ich aber die zweite Möglichkeit.

Sie verzichten auf den PC-Anschluss und betreiben das MP3-Modul an dem Serial-1-Anschluss (Pin 0 und 1). Nachteil dieser Lösung ist, dass Sie bei jedem neuen Programm, das Sie hochladen möchten, zunächst den Anschluss vom MP3-Modul trennen müssen.

Modernisierung der Polizeistation

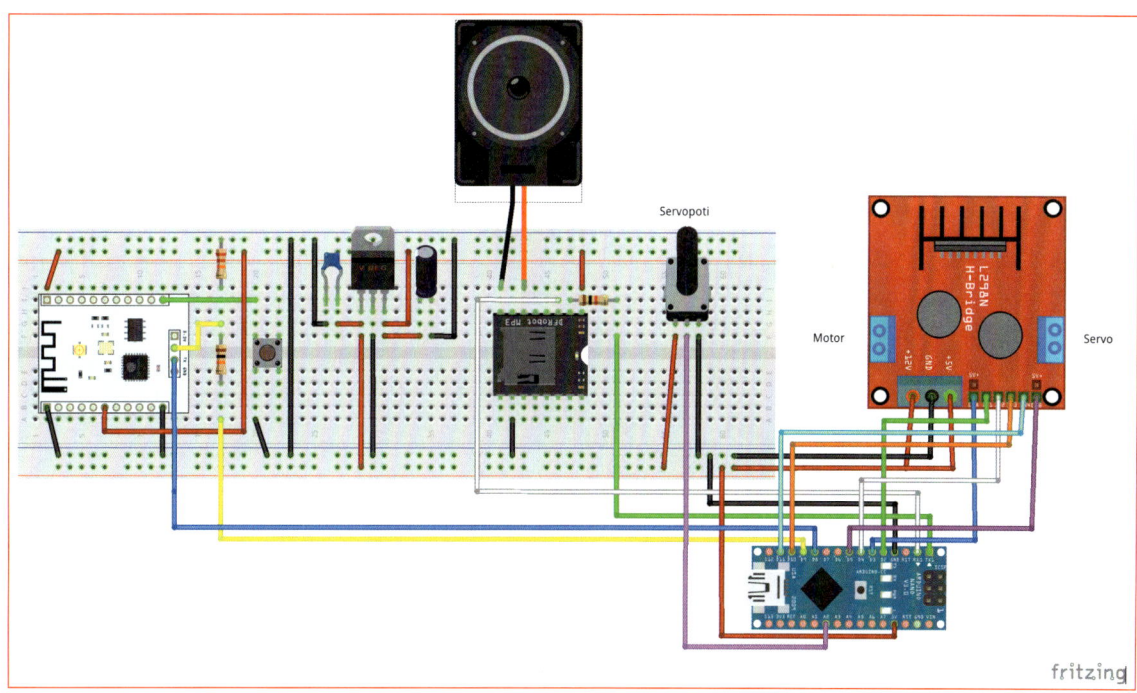

Steckplatine: Layout der restlichen Komponenten.

Durch den modularen Aufbau der Software können Sie aber jederzeit zwischen den verschiedenen Möglichkeiten wechseln. Bitte probieren Sie das aber mit einem Steckbrett am Schreibtisch vor dem Einbau aus. Denn wenn die Module einmal in das Fahrzeug eingebaut sind, ist eine Änderung deutlich schwieriger.

Hier die Anschlusstabelle für den Arduino:

Arduino-Pin	Funktionen
0, 1	Kommunikation mit dem PC/MP3-Audio-Modul
2, 4	Antriebsmotor (L298 IN1, IN 2)
3 PWM	EN A (L298), Motorgeschwindigkeit
5 PWM	EN B (L298), Motorgeschwindigkeit Servo
6 PWM	Rück-/Bremslicht
7	Blaulicht
8, 9	Kommunikation mit dem RCArduino-Empfänger (ESP 01)
10, 11	Motor-Servo (L298 IN3, IN 4)
12	Rückfahrscheinwerfer
13 PWM	Stand-/Fahrlicht
A0	Blinker links
A1	Blinker rechts
A2	Servo-Poti-Mittelpin

5.6 Bildschirm für den Erkennungsdienst

Was wäre eine Polizeistation ohne einen Raum für die erkennungsdienstliche Behandlung von Verdächtigen? Auch die Playmobil-Station hat etwas Ausstattung für diesen Raum. Was fehlt, ist ein schöner großer Bildschirm, wie man ihn aus dem Fernsehen von diversen amerikanischen Krimiserien kennt.

Raspberry mit aufgestecktem TFT-Display

Dazu eignet sich der Raspberry Pi zusammen mit einem Display hervorragend. Ich verwende dafür ein 2,8-Zoll-TFT-Display mit Touchfunktion. Es gibt sie bei den diversen Onlinehändlern. Achten Sie beim Kauf darauf, dass es für das Display auch gleich ein fertiges aktuelles Betriebssystemimage gibt. Denn was nützt das beste Display, wenn man es nicht benutzen kann?

Ich verwende ein fertiges Image von der Website *https://github.com/watterott/RPi-Display*. Für das Raspberry-Pi- und der Display-Sandwich gibt es auch entsprechende Gehäuse.

5.6.1 USB-Kamera einsatzbereit machen

Leider funktioniert die Kamera in der Playmobil-Polizeistation zum Aufnehmen der Verdächtigen nicht wirklich. Aber das können Sie ja ändern. Die Kamera echt funktionstüchtig zu bekommen ist natürlich leider nicht möglich. Dazu ist die originale Playmobilkamera wirklich zu klein. Die kleinsten Kameras, die man verwenden kann, sind USB-Kameras. Ich verwende eine USB-Webcam, die Lifecam HD 3000 von Microsoft. Sie können natürlich auch andere Webcams verwenden. Wichtig ist, dass die Kamera erstens recht klein ist und zweitens, dass das Betriebssystem des Raspberry Pi diese Kamera unterstützt.

❶ Kamera in Betrieb nehmen

Versuchen Sie erst einmal, die Kamera in Betrieb zu nehmen. Zunächst müssen Sie im Raspberry Pi die Kamera-Unterstützung installieren. Dazu starten Sie ein Terminal und geben folgenden Befehl ein:

```
sudo apt-get install fswebcam
```

> **Sich mit dem Raspberry vertraut machen**
>
> Noch ein kleiner Tipp: Bevor Sie die nachfolgenden Projekte in Angriff nehmen, sollten Sie sich mit dem Raspberry vertraut machen. Am besten ist es, Sie versuchen die folgenden Projekte zunächst auf dem Raspberry mit einem normalen Monitor, bevor Sie das Ganze auf dem Minidisplay wiederholen. Sie können sich auch einfach eine zweite SD-Karte für das zweite Betriebssystem zulegen. Da das Display recht klein und seine Auflösung eher niedrig ist, zeige ich hier alle Beispiele der Übersichtlichkeit wegen an einem großen Desktop.

Modernisierung der Polizeistation

Mit dem Programm fswebcam werden viele USB-Kameras unterstützt. Um einen einfachen Schnappschuss zu machen, geben Sie folgenden Befehl ein:

```
fswebcam bild.jpg
```

❷ Was tun, wenn kein Bild kommt?
Falls Sie kein Bild bekommen, könnte es daran liegen, dass der Raspberry die Kamera nicht unter dem Standarddevice angelegt hat. Mithilfe von `fswebcam --list-inputs` können Sie sich alle angeschlossenen Devices ausgeben lassen und mit fswebcam `--device /dev/video0 bild.jpg` auswählen. `/dev/video0` gibt das entsprechende Device an, hier das nullte Videogerät.

Bild von Webcam mit niedriger Auflösung

❸ Auflösung und Helligkeit anpassen
Nun können Sie sich das Bild anschauen. Schon nicht schlecht, aber leider ist die Auflösung noch nicht so toll. Sollten Sie, so wie ich, noch Probleme bei dem Bild haben, könnte es daran liegen, dass die Kamera eine gewisse Zeit benötigt, um die Helligkeit korrekt einzustellen. Das können Sie mit dem folgenden Parameter ändern:

```
fswebcam --skip 3 bild.jpg
```

Jetzt werden zunächst drei Bilder gemacht und verworfen, bevor das eigentliche Foto gemacht wird. Mit

```
fswebcam -r 1280x720 bild.jpg
```

können Sie die Auflösung des Bilds ändern. Beachten Sie die Auflösung der Kamera, sonst werden die Bilder verzerrt.
Und noch eine letzte Option:

```
fswebcam --no-banner bild.jpg
```

Mit dem `--no-banner` verschwindet die im unteren Bildrand eingeblendete Leiste mit dem Datum.
Insgesamt kommen Sie z. B. auf folgende Befehlszeile:

```
fswebcam -skip 3 --no-banner -r 1280x720 bild.jpg
```

Bild mit falscher Einstellung

❹ Python-Skript programmieren
Nun programmieren Sie ein kleines Python-Skript, das das Bild der Kamera automatisch auf dem Monitor erscheinen lässt, quasi eine kleine Überwachungskamera. Dazu müssen auf dem Raspberry ein paar zusätzliche Bibliotheken installiert werden.

Bild von Webcam mit hoher Auflösung

Fertiges Bild von Webcam mit hoher Auflösung, kein Banner

Als ersten Schritt versuchen Sie, das Bild von der Kamera mit Python anzeigen zu lassen. Dazu verwenden Sie folgendes Python-Programm:

Programmdatei:
live_image.py

```
001 import cv2
002 import sys
003
005 print "OpenCV Version: " + cv2.__version__
006
008 video_capture = cv2.VideoCapture(0)
009
010 while True:
012     ret, frame = video_capture.read()
013
015     cv2.imshow('Video', frame)
```

Ausgabe der Versionsnummer von OpenCV und gleichzeitig Test auf Installation

Videoquelle holen

Einlesen des aktuellen Bilds

Anzeige des Bilds auf dem Bildschirm

Modernisierung der Polizeistation

```
016
018     if (cv2.waitKey(1) & 0xFF) == ord('q'):
019         break
020
022 video_capture.release()
023 cv2.destroyAllWindows()
```

- Wurde schon ein kleines q gedrückt?
- Programm beenden

Wenn Sie, wie in diesem Buch vorgeschlagen, das virtuelle Python-Environment nutzen, müssen Sie, bevor Sie IDLE starten, zunächst das richtige Environment selektieren. Das machen Sie mit dem Befehl `workon cv` in dem Terminal, in dem Sie dann auch IDLE starten. Da Sie diese Befehlskombination noch öfter benötigen, sollten Sie sich ein Shellskript mit den beiden Befehlen auf die Oberfläche legen. Starten Sie nun IDLE mit dem neu erzeugten Skript (oder über ein Terminal), laden Sie das Programm in die IDLE-IDE von Python und starten Sie es. Zunächst erfolgt die Ausgabe:

```
>>>
OpenCV Version: 3.1.0
>>>
```

Hier wird die Versionsnummer der in dieser Python-Instanz installierten Version von OpenCV ausgegeben. Danach sollte ein neues Fenster mit dem Titel »Video« aufgehen und dort das aktuell aufgenommene Bild erscheinen. Ein flüssiges Video kann man jedoch nicht erwarten, da jedes Bild in Python einzeln geladen und dann angezeigt wird. Für ein flüssige Video ist dieses Python-Skript aber auch nicht gedacht. Das Programm kann man durch Druck auf die Q-Taste beenden.

5.6.2 Gesichtserkennung und Klassifizierungsmuster

Das Tollste wäre natürlich, wenn man nicht nur das Bild der Playmobilfigur auf dem Bildschirm sehen könnte, sondern auch direkt angezeigt bekäme, ob es sich um einen Verbrecher handelt. Dank der quelloffenen und freien OpenCV-Bibliothek kann man auch das bewerkstelligen. Allerdings erfordert die Gesichtserkennung auf dem Raspberry einige Vorbereitungen.

❶ OpenCV-Bibliothek installieren

Die erste Vorbereitung, die Installation der OpenCV-Bibliothek, haben Sie bereits im vorhergehenden Kapitel erledigt. Für die reine Auswertung der Bilder reicht ein »kleiner« Rapsberry.
Wenn Sie jedoch vorhaben, auch einen Klassifikator (Klassifikatoren sind die Grundlagen der Objekt-/Gesichtserkennung) auf dem Raspberry berechnen zu lassen, sollten Sie mindestens einen Raspberry 2 oder besser noch den aktuellen Raspberry 3 verwenden.

② Ein wenig Programmierarbeit

Ist die OpenCV-Bibliothek installiert und steht in Python zur Verfügung, müssen Sie ein kleines Programm erstellen, mit dem Sie das Bild von der Kamera einlesen und analysieren lassen.

Neben den Möglichkeiten, aus verschiedenen Quellen Bilddateien zu laden, zu verarbeiten/modifizieren und zu speichern, bietet OpenCV noch weitere Möglichkeiten. Unter anderem kann man auf die Bilder verschiedene Filter und Klassifizierungsmuster anwenden. Mit deren Hilfe kann OpenCV erkennen, ob sich ein bestimmtes Muster auf dem Foto befindet. Dafür wird in diesem Buch ein sogenannter Hair-Klassifikator verwendet.

Mit der Installation von OpenCV werden bereits vortrainierte Klassifikatoren installiert. Sie finden sich im Verzeichnis ‹…opencv…›\sources\data\haarcascades. Als Beispiel können Sie den *haarcascade_frontalface_default.xml* ausprobieren. Er erkennt Gesichter auf den Bildern.

Dieses Feature ist z. B. bekannt von Facebook. Auch dort werden Gesichter auf Fotos automatisch erkannt und man kann Fotos Personen zuordnen. So gut wie die Erkennung für Gesichter funktioniert, für unsere Playmobil-Figuren funktioniert diese Erkennung leider nicht. Dafür muss ein eigener Klassifikator trainiert werden. In der ZIP-Datei zu diesem Buch ist ein vortrainierter Klassifikator mit dem Namen *haircascade_einbrecher_gesicht.xml* vorhanden. Er funktioniert für die Einbrecher-Playmobilfigur. Wie man einen eigenen Klassifikator trainiert, beschreibe ich im Kapitel 7.5.4, »Training eines eigenen Klassifikators«.

5.6.3 Programm für die Gesichtserkennung

Hier das Programm zur Gesichtserkennung. Als Erstes wird der Klassifikator geladen und ausgegeben. In der dann folgenden Schleife liest man von der Kamera, wie schon im vorhergehenden Kapitel, ein Bild ein. Dieses Bild wird zunächst in Graustufen umgewandelt, weil die gesamte Erkennung mit Graustufenbildern funktioniert. Dann läuft die Erkennung der trainierten Gesichter. Dabei wird ein Feld mit verschiedenen erkannten Gesichtern zurückgegeben. Diese werden auf dem Originalbild durch ein grünes Rechteck eingerahmt. Dieses Bild wird im Fenster ausgegeben. Das Programm live_recognition.py wird mit Druck auf die Q-Taste beendet.

Programmdatei:
live_recognition.py

```
001  import cv2
002  import sys
003
004  print cv2.__version__
```

Modernisierung der Polizeistation

```
005
006 faceCascade = cv2.CascadeClassifier('haircascade_einbrecher_
                                                    gesicht.xml')
007 print faceCascade
008 video_capture = cv2.VideoCapture(0)
009
010 while True:
012     ret, frame = video_capture.read()                    Frame für frame aufzeichnen
013     gray = cv2.cvtColor(frame, cv2.COLOR_BGR2GRAY)
014
015     faces = faceCascade.detectMultiScale(gray, 1.1, 3)
016
017     print len(faces)
019     for (x, y, w, h) in faces:                            Rechteck um das Gesicht zeichnen
020         cv2.rectangle(frame, (x, y), (x+w, y+h), (0, 255, 0), 2)
021
022     # Display the resulting frame
023     cv2.imshow('Video', frame)
024
025     if cv2.waitKey(1) & 0xFF == ord('q'):
026         break
027
029 video_capture.release()                                   Capture-Instanz aufräumen
030 cv2.destroyAllWindows()
```

Je nach Anwendungsfall könnten Sie an der Stelle, an der feststeht, dass mindestens ein Gesicht erkannt wurde, über die serielle Schnittstelle einen Alarmbefehl an die zuvor entwickelte Steuerung der Polizeiwache geben.

Die richtige Erkennung hängt von vielen verschiedenen Faktoren ab. Falls der für dieses Buch trainierte Klassifikator bei Ihnen nicht sauber funktioniert, können Sie sich ganz leicht einen eigenen Klassifikator trainieren lassen. Dazu habe ich einige Tools und Bilder in der ZIP-Datei bereitgestellt. Neben der Erkennung eines einzelnen, bestimmten Gesichtes können Sie den Klassifikator auch auf andere Gesichter oder sogar Gegenstände trainieren. Das Prinzip des Trainings ist immer gleich.

6

LÖTKOLBEN RAUS

Elektronikwissen fürs Playmobil-Tuning

6.1	Entscheidungshilfe in Sachen Platine	140
6.2	Was man alles zum Löten braucht	140
6.3	Richtiges Löten ist keine Kunst	143
6.4	Vorwiderstand von LEDs berechnen	144
6.5	Ströme brauchen Treiberschaltungen	146

KAPITEL 6

In diesem Kapitel möchte ich ein paar Elektronik-Grundlagen vermitteln, die Sie nicht nur für die in diesem Buch vorgestellten Projekte gebrauchen können, sondern ganz generell für das Basteln mit Elektronik. Zwar kann man alle Projekte auch auf dem bereits erwähnten Steckboard zusammenbauen, aber spätestens wenn man die Schaltung in ein Gehäuse oder z. B. in ein Fahrzeug einbauen möchte, kommt man um eine ordentliche Platine, auf die die Bauteile gelötet werden, nicht herum.

In diesem Buch werden viele fertige Module, die bereits auf Platinen aufgebaut sind, wie z. B. der Arduino oder das MP3-Modul, verwendet. Trotzdem muss man die verschiedenen Teile noch verbinden. Das kann man natürlich auch einfach mittels Drähten, Heißkleber und sonstigem Material machen, aber eine eigene Platine sieht deutlich besser und professioneller aus. Außerdem kann man im Fehlerfall Bauteile oder Module schneller austauschen.

> **Keine isolierten Drähte**
>
> Verwenden Sie keine isolierten Drähte – also Kabel mit nur einem Leiter. Gerade bei dem fliegenden Aufbau, den Sie hier machen, z. B. beim Verbinden von LEDs mit der Platine, würden sie bereits nach kürzester Zeit brechen.

6.1 Entscheidungshilfe in Sachen Platine

Es gibt eine ganze Reihe verschiedener vorgefertigter Platinen. Angefangen von einfachen Lochrasterplatinen, die im 2,54-mm-Raster angeordnet jeweils ein Bohrloch und auf der Unterseite einen kleinen Kupferring haben, über Streifenrasterplatinen bis hin zu verschiedenen Spezialvarianten. Erwähnenswert finde ich die Platinen, die genau wie die Steckbretter, die hier verwendet werden, aufgebaut sind. Damit kann man seine Schaltung 1:1 auf die Platine übertragen.

Bei allen Platinen müssen Sie aber bedenken, dass man Kabel und Lötzinn benötigt. Als Kabel eignen sich hervorragend die dünnen Kabel aus dem Modellbahnzubehör. Diese kann man in jedem Modellbahnladen kaufen, aber natürlich auch im Internet. Der Kabeltyp nennt sich Litze 1-adrig 18 x 0,1 mm.

Steckboard-kompatible Platine und Lochrasterplatine

6.2 Was man alles zum Löten braucht

Haben Sie sich für eine Platine entschieden, kommt nun der zweite Teil – das Löten. Zunächst ein paar Worte zum Material. Verwenden Sie nicht Opas alten Dachrinnenlötkolben mit 100 Watt, denn Sie löten hier teilweise an Mikrocontrollern und feinen LEDs.

6.2.1 Am besten mit einer Lötstation

Man sollte schon einen temperaturgesteuerten Elektroniklötkolben verwenden. Optimal ist natürlich eine Lötstation, weil das Anschlusskabel zum Lötkolben deutlich flexibler ist und man auch gleich eine Ablage für den Lötkolben hat.

6.2.2 Leicht austauschbare Spitzen

Wichtig bei einem Lötkolben sind auch leicht erhältliche und leicht austauschbare Spitzen. Ich verwende als Universalspitze eine Meisselform mit 2 mm, speziell für SMD außerdem eine lange Spitze mit 0,5 mm. Lötspitzen sind Verbrauchsmaterialien. Das heißt, von Zeit zu Zeit, je nach Gebrauch, müssen die Lötspitzen ausgetauscht werden, da sie einfach verbrennen. Falls Ihnen das Hobby doch mehr Spaß macht und Sie mehr tun wollen, als nur gelegentlich mal ein Kabel anzulöten, sollten Sie zusehen, dass Sie die Spitzen für Ihren Lötkolben auch noch in ein paar Jahren bekommen, oder Sie kaufen direkt einen größeren Vorrat.

6.2.3 Handelsüblicher Elektroniklötzinn

Als Nächstes braucht man zum Löten natürlich Lötzinn. Normales Elektroniklötzinn mit 1 mm Durchmesser reicht für diese Zwecke aus. Falls Sie doch mal SMD-Teile löten möchten, gute Augen und ein ruhiges Händchen vorausgesetzt, sollten Sie auch 0,5-mm-Lötzinn besorgen.

Bleihaltiges Lot für den Hausgebrauch

Für den Hausgebrauch reicht bleihaltiges Lot aus. Es hat einen niedrigeren Schmelzpunkt und braucht somit deutlich weniger Hitze. Das schont auch die Lötspitze.

Der einzige Nachteil ist rechtlicher Natur. Produkte, die mit bleihaltigem Lot gelötet sind, dürfen nach der RoHS nicht in den Verkehr gebracht werden. Das heißt, Sie dürfen diese Produkte aus Ihrer Werkstatt nicht verkaufen. Und was die wenigsten wissen: Das gilt auch für Privatverkäufe. Jedweder Verkauf ist untersagt.

Verwenden Sie hingegen bleifreies Lot, dürfen Sie Ihre Erzeugnisse durchaus weiterverkaufen. Leider braucht das Lot eine höhere Temperatur und das Flussmittel in der Lötdraht-Seele ist deutlich aggressiver. Das macht sich im Lötspitzenverbrauch bemerkbar. Da ich mit beiden Lötzinnvarianten arbeite, habe ich für jedes Lot eine eigene Spitze.

6.2.4 Entlötlitze und Lötzinnabsaugpumpe

Ein weiteres wichtiges Utensil ist die Entlötlitze bzw. die Lötzinnabsaugpumpe. Beide dienen dazu, zu viel oder falsch auf der Platine gelandetes Lötzinn wieder zu entfernen. Die Litze wird mit einem freien Stück über die Lötstelle gelegt und dann mit dem Lötkolben erhitzt. Das Lötzinn wird selbstständig angesaugt und bleibt in der Litze. Das gebrauchte Stück Entlötlitze muss abgekniffen werden. Vorteil der Litze: Sie ist recht günstig, einfach in der Handhabung und man kann, richtig angewendet, die Menge des abzusaugenden Lotes beeinflussen. Leider ist die Wärmebelastung der Bauteile sehr hoch, was gerade bei SMD Probleme bereiten kann.

Die Pumpe arbeitet etwas anders. Sie wird gespannt, dann wird die Düse nahe an die abzusaugende Stelle gehalten. Mit der anderen Hand wird das Lötzinn mit dem Lötkolben verflüssigt und mit einem Druck auf den Auslöser wird das Lot in die Pumpe gesaugt. Beim nächsten Spannen kommt das abgesaugte Lötzinn dann wieder heraus und kann entsorgt werden. Vorteil der Pumpe: geringere Wärmebelastung der Bauteile/Platine, schneller, für SMD aber nur bedingt geeignet, da manchmal die kompletten Teile in die Pumpe gesaugt werden. Aber man kann damit prima auch Durchkontaktierungen säubern. Die Spitze ist normalerweise austauschbar. Ab und zu sollte man die Pumpe komplett zerlegen, reinigen und mit etwas Vaseline wieder schmieren.

6.2.5 Dritte Hand für filigrane Lötungen

Die dritte Hand ist ebenfalls ein nicht zu unterschätzender kleiner Helfer. Die meisten werden mit Lupe angeboten. Die Lupe ist aber bei günstigen Helfern aus Plastik und überlebt den Kontakt mit der Lötspitze selten. Aber der restliche Helfer ist gerade bei filigranen Lötungen sehr empfehlenswert. Die Platine ist schnell eingespannt und wird sicher gehalten. Auch Kabelenden lassen sich einspannen und so super verzinnen oder an die Platine löten, denn man kann mit der dritten Hand die Bauteile und Kabel in ihrer Position fixieren.

6.2.6 Flachzange, Spitzzange und Seitenschneider

Auch verschiedene Zangen sind wichtiges Zubehör. Besorgen sollten Sie sich mindestens folgende Zangentypen: kleine Flachzange, Spitzzange gerade, Spitzzange gebogen, kleiner Seitenschneider, evtl. auch ein kleiner Frontschneider und wenn man schöne gebogene Drähte haben möchte auch eine kleine Rundzange. Die Zangen eignen sich durch Auflegen auch prima, um Kabel und Bauteile beim Löten auf der Platine zu fixieren.

Sonstiges Zubehör

Sehr gut zu gebrauchen ist auch eine kleine Elektronikerlupe. Die gibt es ganz einfach aus Acrylglas. Gut geeignet sind auch die Taschenmikroskope mit Beleuchtung für Kinder. Auch gut zu gebrauchen ist eine Schutzbrille. Lötzinn in den Augen zu haben, weil ein Draht weggefedert ist, macht keinen Spaß.

Elektronikwissen fürs Playmobil-Tuning

Lötzubehör

6.3 Richtiges Löten ist keine Kunst

Das Löten selbst ist mit dem richtigen Material keine große Kunst. Die Lötspitze wird sowohl auf den Bauteildraht als auch auf die Lötstelle gehalten. Dann wird beides gleichzeitig etwas erhitzt und während der Lötkolben noch erhitzt, wird das Lötzinn an den Draht und die Lötstelle gehalten.

6.3.1 Damit die Verbindung stimmt

Wichtig dabei ist: Der Lötkolben soll nicht das Lot abschmelzen, sondern die beiden zu verbindenden Teile. Denn nur dann sind die Teile heiß genug für die Verbindung. Sonst kommt es schnell zu »kalten Lötstellen«, also Lötstellen, die keine Verbindung haben. Manchmal sieht man das bereits an der Farbe der Lötstelle. Eigentlich sollte die Lötstelle klar und glänzend sein. Ist sie grau, dann ist das Lötzinn zu schnell erkaltet und es könnte sich eine kalte Lötstelle ergeben. Mit etwas Übung dauert das Ganze weniger als eine Sekunde.

6.3.2 Bauteildrähte kürzen

Ob man die Bauteildrähte vor dem Verlöten kürzt oder danach, bleibt Ihnen persönlich überlassen. Vorher kürzen hat den Vorteil, dass man mit Lötkolben und Lötzinn besser an die Lötstelle kommt. Und nebenbei wird die Stelle, wo der Draht gekürzt wurde, mit dem Lötzinn wieder verschlossen. Das hat man beim nachträglichen Abkneifen natürlich nicht. Auch sind die Stellen, an denen der Draht abgekniffen wurde, recht scharf. Vorteil beim nachträglichen Abkneifen: Bauteile mit Drähten halten sich besser auf der Position, wenn man die Drähte etwas auseinanderbiegt. Kneift man sie dann ab, kann es sein, dass sie nicht mehr so gut halten und wieder aus der Platine fallen.

6.3.3 Verzinnen der Litzenenden

> **Lötwasser und Lötfett sind tabu**
>
> Lötwasser und Lötfett haben in der Elektronik nichts zu suchen. Flussmittel ist im Lot genügend enthalten. Und Lötwasser sowie Lötfett greifen die Bauteile und die Platinenoberfläche an.

Die Litzenenden sollte man verzinnen, bevor man sie auf die Platine lötet. Dazu einfach zunächst die Isolierung abmachen, dann in die dritte Hand einklemmen und mit Lötkolben und etwas Lötzinn verzinnen. So kann man später auf der Platine das Kabel viel schneller und sauberer anlöten. Auch wenn das mit dem Lötkolben einfach geht, der verbrannte Kunststoff schädigt die Lötspitze und, noch viel wichtiger, der Wärmeübergang von der Spitze zu den Bauteilen ist an der Stelle der Lötspitze recht schlecht. Von den ungesunden Dämpfen mal ganz abgesehen.

6.3.4 Bauteile mit zwei geraden Enden

> **Zwischendurch kräftig lüften**
>
> Auch wichtig: Beim Löten zwischendurch kräftig lüften. Die Lötdämpfe des Flussmittels sind nicht gesund.

Bei Bauteilen mit zwei geraden Enden wie z. B. Widerständen sollte man zunächst mit der kleinen Spitzzange die beiden Enden auf die richtige Breite umbiegen und durch die Platine stecken. Dann von hinten die beiden Drahtenden leicht nach außen biegen. So hält der Widerstand bis zum Verlöten. Bei Steckleisten oder IC-Sockeln lötet man zunächst nur einen Pin an. Dann kann man mit einer Hand die Leiste/den Sockel festhalten und mit der andern Hand den Lötpunkt nochmal erhitzen und das Bauteil richtig ausrichten. Erst wenn alles richtig sitzt, lötet man die restlichen Pins fest. Bei längeren Bauteilen, Leisten mit mehr als 30 Pins oder IC-Sockeln mit mehr als 28 Beinchen, kann man an zwei gegenüberliegenden Seiten jeweils einen Lötpunkt setzen. Dann wackelt das Bauteil beim Verlöten nicht so stark.

6.4 Vorwiderstand von LEDs berechnen

Eine LED kann man leider nicht wie ein kleines Birnchen direkt an eine Stromquelle wie eine Batterie oder einen Akku klemmen. Während ein

Elektronikwissen fürs Playmobil-Tuning

Birnchen eine gewisse Spannung, z. B. 4,5 V oder 12 V, benötigt, funktionieren LEDs anders. Sie benötigen einen gewissen Strom zum Leuchten. Und während es klassischen Birnchen völlig egal ist, ob die Versorgung mit Gleich- oder Wechselspannung erfolgt, benötigen LEDs Gleichstrom.

Eine normale Standard-LED braucht ca. 20 mA, damit sie mit voller Intensität leuchtet. Allerdings reichen für ein ordentliches Ergebnis bereits 10 mA. Der Unterschied in der Leuchtstärke dazwischen ist eher gering. Leuchtdioden haben wie normale Dioden auch eine sogenannte Durchgangsspannung. Das ist die Spannung, die an der Leuchtdiode abfällt. Anders als bei Standard-Silizium-Dioden, die eine Durchgangsspannung von ca. 0,6 V haben, ist die Durchgangsspannung von LEDs abhängig von der Bauart und der Farbe.

Farbe	Durchgangsspannung
Infrarot	1,2 bis 1,8 V, typ. 1,3 V
Rot	1,6 bis 2,2 V
Gelb, Grün	1,9 bis 2,5 V
Blau, UV, Weiß	3–4 V, typ. 3,4 V

Die Formel, auf Grundlage des ohmschen Gesetzes, zur Berechnung des Vorwiderstands lautet:

$$R_{LED} = \frac{U - U_{LED}}{I_{LED}}$$

Vorwiderstand berechnen

Aus dieser Formel ergibt sich fast immer ein Widerstandswert, den man so nicht kaufen kann. Deswegen wählt man den nächsthöheren Widerstandswert, z. B. aus der E96-Reihe.

Auch muss man bedenken, dass die Spannungsversorgung eventuell etwas variieret. Arbeiten Sie mit vier Batterien, ist die Versorgungsspannung üblicherweise 6 V. Versorgen Sie die Elektronik mit vier Mignonakkus, sind 4,8 V zu benutzen. Sie sollten am besten für U die in Ihrem Umfeld höchstmögliche Spannung plus 10 % einsetzen. 10 % deswegen, weil sowohl volle Akkus wie auch volle Batterien eine Überspannung besitzen.

Zum Glück kommt uns da eine weitere Eigenschaft von LEDs zugute. LEDs verändern ihre Helligkeit im Bereich von 10 mA bis 20 mA nur noch gering, sodass diese Sicherheitsreserve sich auf die Helligkeit nicht auswirkt. Wenn Sie mehrere LEDs benutzen, können Sie sie in Reihe – hintereinander – schalten. In der Formel setzen Sie als ULED dann die Summe der Durchlassspannungen ein. Wenn Sie LEDs parallel schalten wollen, sollten

Sie für jede LED einen eigenen Vorwiderstand einsetzen. Ansonsten kann es passieren, dass die LED mit der geringeren Durchlassspannung zu viel Strom bekommt und beschädigt wird.

In der Industrie, wie bei der Elektronik unseres Lichtleitanhängers, wird das zwar gemacht, aber hier sind die LEDs von der gleichen Farbe und wahrscheinlich aus der gleichen Produktion, was sich in nur geringen Toleranzen niederschlägt. Bei den für den Hobbymarkt produzierten LEDs kann es durchaus passieren, dass in einem Beutel LEDs aus verschiedenen Produktionen enthalten sind, die dann natürlich größere Toleranzen aufweisen.

6.5   Ströme brauchen Treiberschaltungen

Manchmal möchte man mehr als eine oder zwei LEDs an einem Mikrocontroller-Ausgang betreiben. Ein Ausgang, z. B. beim Arduino, kann maximal 40 mA liefern. Und alle Ausgänge zusammen können maximal 200 mA vertragen. Will man mehr LEDs anhängen oder größere Ströme schalten, muss man entsprechende Treiberschaltungen verwenden.

6.5.1   Aufbau einer einfachen Transistorschaltung

Die einfachste Variante für Ströme ← 100 mA ist eine einfache Transistorschaltung.

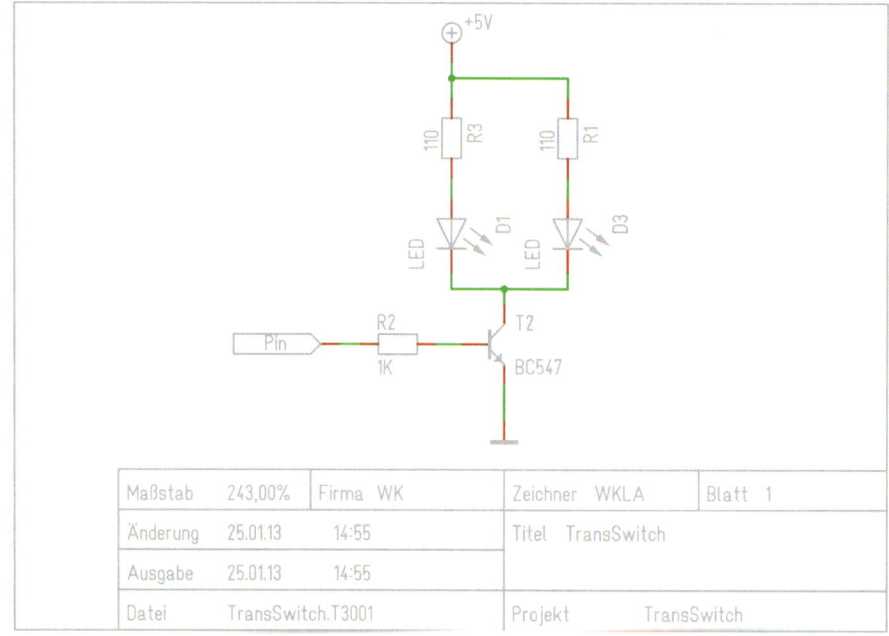

Beispiel einer einfachen Transistorschaltung

Braucht man gleich mehrere Treiber, bieten sich sogenannte Transistorarrays an. Das für diese Zwecke am besten geeignete ist das ULN2003 mit sieben Ausgängen oder das ULN2008 mit acht Ausgängen.

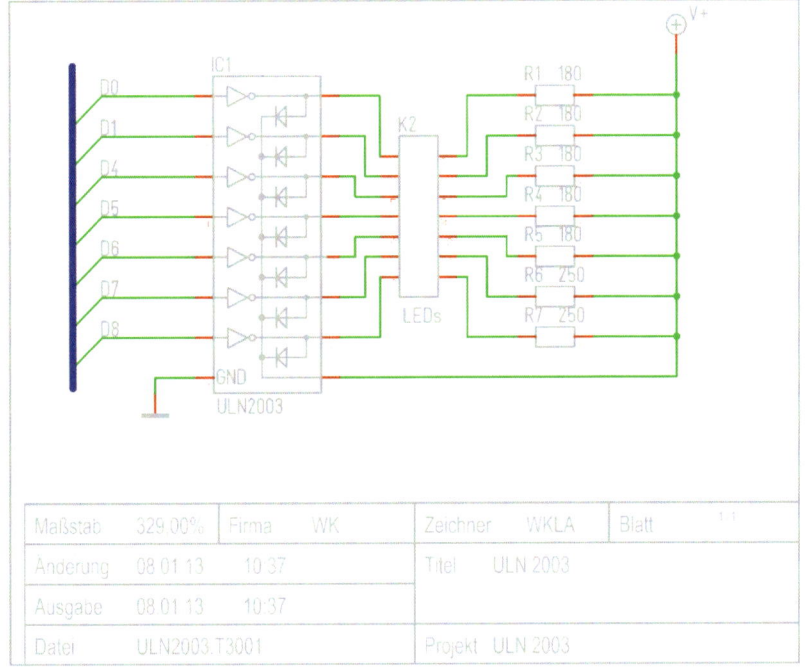

Ein ULN 2003 mit sieben Ausgängen

Pro Kanal sind bis zu 500 mA möglich, insgesamt sind maximal 2,5 A über den GND-Anschluss (Ground, Masse) möglich. Will man noch höhere Ströme schalten, bietet sich ein kleines Relais an.

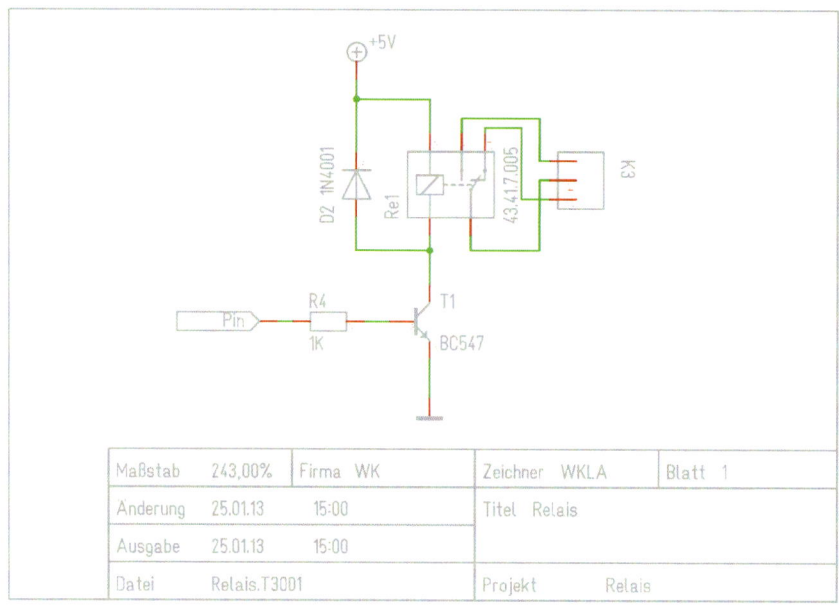

Beispiel eines kleinen Relaistreibers

Für Motoren verwendet man, wie bereits beschrieben, ein entsprechendes Modul. Das L298-Motoren-Modul kann Motoren mit bis zu 36 V und 2 A pro Ausgang betreiben. Für Spannungen größer 12 V muss an dem Modul eine kleine Steckbrücke geöffnet werden, damit die interne Spannungsversorgung der Elektronik auch auf die größere Spannung eingestellt wird.

Elektronikwissen fürs Playmobil-Tuning

Das L298-Modul

7

AN DIE TASTEN

Arduino™ und Raspberry Pi

7.1	Mehr braucht ein Arduino nicht	152
7.2	ATMega-Typen und Arduino-Pins	153
7.3	Arduino-Entwicklungsumgebung	155
7.4	Grundlagen der Programmierung	160
7.5	Raspberry Pi für komplexe Aufgaben	167
7.6	Liste der verwendeten Hardware	179

KAPITEL 7

Für die verschiedenen Projekte in diesem Buch benötigen Sie zusätzliche Hardware und Software. Die beiden wichtigsten Komponenten sind ein Arduino Uno, oder ein Arduino Nano V3, sowie für die Polizeistation in speziellen Fällen ein Raspberry Pi. Da gerade die Gesichtserkennung deutlich mehr Rechenleistung erfordert, sollten Sie sich als Raspberry mindestens einen Pi 2 zulegen.

Für das Projekt RCArduino, die in diesem Buch an den verschiedensten Stellen erwähnte RC-Fernbedienung, wird, neben einem Arduino Uno oder Nano, auch ein ESP8266-Modul sowie ein androidfähiges Handy benötigt. Dieses sollte zumindest mit einer Android-Version 4.4 ausgestattet sein. Eine SIM-Karte wird allerdings nicht benötigt, die Anbindung erfolgt über das WLAN.

Dateien, Dokumente und Downloads

Alle in diesem Buch benötigten Dateien und einige zusätzliche Dokumente finden Sie in dem zu diesem Buch gehörenden Download-Archiv *play_setup.zip* unter *http://www.buch.cd*. Geben Sie als Code 65331-2 ein. Zur Installation genügt es, wenn Sie die Datei auf Ihrem PC in ein Verzeichnis Ihrer Wahl entpacken. Die Struktur sieht folgendermaßen aus:

Downloads:
http://www.buch.cd

```
001 <Ihr Verzeichnis>
002 Arduino
003   Sketchbook
004     …[Hier sind die einzelnen Projekte aufgelistet]
005 Android
006   app-debug.apk
007 Raspberry
008   python
009     [Die einzelnen Python-Programme]
010 OpenCV_Training
011   [Daten für das Training eines eigenen Klassifikators]
```

7.1 Mehr braucht ein Arduino nicht

In diesem Buch haben Sie viel mit fertigen Arduinos gearbeitet. Aber anstatt ein fertiges Arduino-Modul zu kaufen, kann man natürlich auch seine eigene Platine entwickeln. Vorteil dabei ist die Möglichkeit, die zusätzliche Peripherie – LEDs, Widerstände, MP3-Player, ESP u. a. – gleich mit auf dem Board zu integrieren.

Um einen Arduino in minimaler Hardwareversion zu bauen, benötigt man nicht viele Teile. Die kleinste Variante besteht aus dem ATMEL ATMega328 mit Arduino-Bootloader, einem 16-MHz-Quarz, 2 x 22-pF-Kondensatoren und einem 100-nF-Kondensator. Will man auch noch eine sichere Resetlogik haben, benötigt man zusätzlich einen 10-K-Widerstand und einen weiteren 100-nF-Kondensator. Mehr ist für einen voll funktionsfähigen Arduino nicht nötig. Einzig die serielle Schnittstelle mit dem USB-Anschluss ist dann natürlich nicht vorhanden.

Den ATMega328 gibt es als DIP-Variante bereits mit dem Arduino-Bootloader vorprogrammiert. Hat man ein Uno-Board, das auch mit einem ATMega328 in der DIP-Variante bestückt ist, kann man ihn einfach ersetzen und das Board als Programmiergerät für den ATMega328 einsetzen. Im Arduino-Board wird der Chip dann eingesetzt, programmiert und danach zurück in die eigene Schaltung gesetzt.

7.2 ATMega-Typen und Arduino-Pins

Die Tabelle zeigt die Arduino-Bezeichungen mit den dazugehörigen Pins am Controller und den tatsächlichen Bezeichnungen des Controllers.

Arduino-Pin	ATMega-Bezeichnung	Pinnummer	Pinnummer	ATMega-Bezeichnung	Arduino-Pin
Reset	Reset/PC6	1	28	PC5	A5
D0/RX	PD0	2	27	PC4	A4
D1/TX	PD1	3	26	PC3	A3
D2	PD2	4	25	PC2	A2
D3/PWM	PD3	5	24	PC1	A1
D4	PD4	6	23	PC0	A0
VCC	VCC	7	22	GND	GND
GND	GND	8	21	AREF	AREF
Quarz	PB6	9	20	AVCC	VCC
Quarz	PB7	10	19	PB5	D13
D5/PWM	PD5	11	18	PB4	D12
D6/PWM	PD6	12	17	PB3	D11/PWM
D7	PD7	13	16	PB2	D10/PWM
D8	PB0	14	15	PB1	D9/PWM

Zuordnung Arduino-Bezeichnung zu IC-Anschlusspin

Man kann sich einen günstigen ISP-Programmer besorgen, den es bei den einschlägigen Internetportalen bereits ab 5 Euro gibt. Der USBasp ist eine sehr günstige und von der Arduino-IDE unterstütze Variante. Um ihn zu benutzen, muss man den sechspoligen oder einen zehnpoligen ISP-Stecker auf sein Board integrieren. Dieser wird dann über das SPI-Interface des ATMega programmiert.

KAPITEL 7

Pin	ISP 10	ISP 6	Pin	ISP 10	ISP 6
1	MOSI	MISO	2	Vcc	Vcc
3	GND	SCK	4	GND	MOSI
5	RST	RST	6	GND	GND
7	SCK	n.n.	8	GND	n.n.
9	MISO	n.n.	10	GND	n.n.

Belegung 10-poliger und 6-poliger ISP

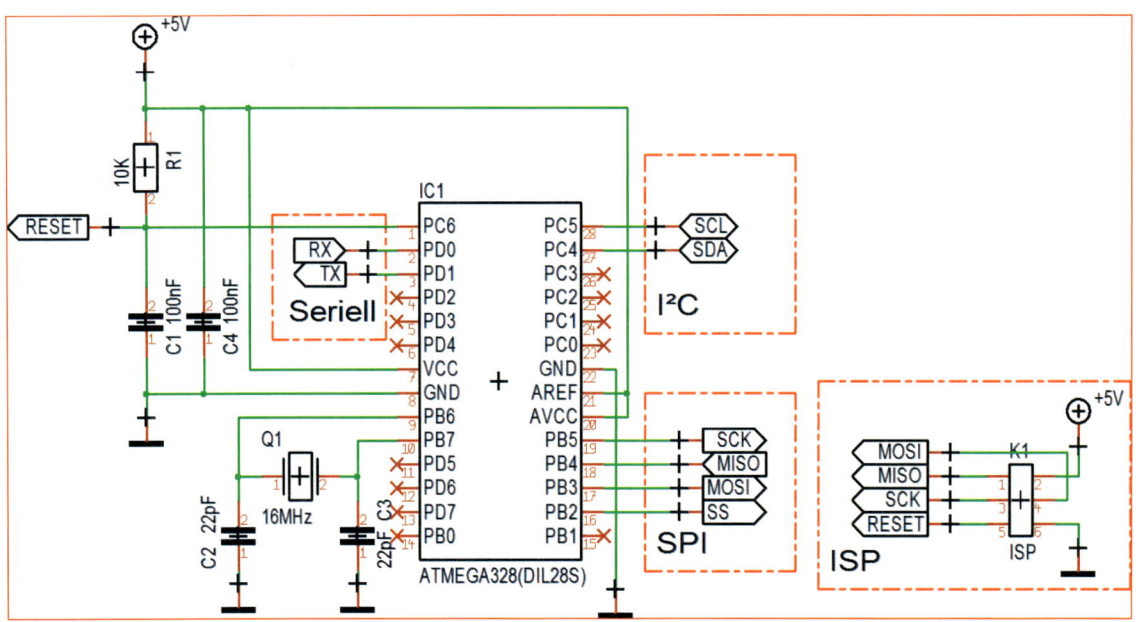

ATMega328 mit minmaler Beschaltung

Das Bild links zeigt einen ATMega328-Schaltplan mit minimaler Beschaltung. Auf dem Schaltplan sind auch verschiedene andere Schnittstellen gekennzeichnet.

7.3 Arduino-Entwicklungsumgebung

Einige Projekte in diesem Buch werden von einen Arduino-Mikrocontroller gesteuert. Um ihn zu programmieren, benötigen Sie die Arduino-Entwicklungsumgebung (Arduino IDE), die Sie aus dem Internet herunterladen und installieren können. Zu dem Zeitpunkt, als ich dieses Buch geschrieben habe, war die Version 1.6.6 aktuell.

Nun kurz zum Arduino selbst: Der Arduino hat verschiedene Ein- und Ausgänge, so die digitalen – in der Abbildung rot umrandet. Sie werden in diesem Buch entweder als `PIN 0...13` oder als `D0...13` bezeichnet. In den Programmen stehen sie als reine Zahlen, z. B.:

```
const byte PIN_RC = 2;
const byte LED = 13;
```

Also ist Pin 2 RC-Eingang und Pin 13 (gleichzeitig die Board-LED) Ausgang. Die grün umrandeten Anschlüsse sind die analogen Eingänge, im Buch als `A0...5` bezeichnet. Im Programm heißen sie auch `0...5`, werden aber nur bei dem Befehl `analogRead` verwendet.

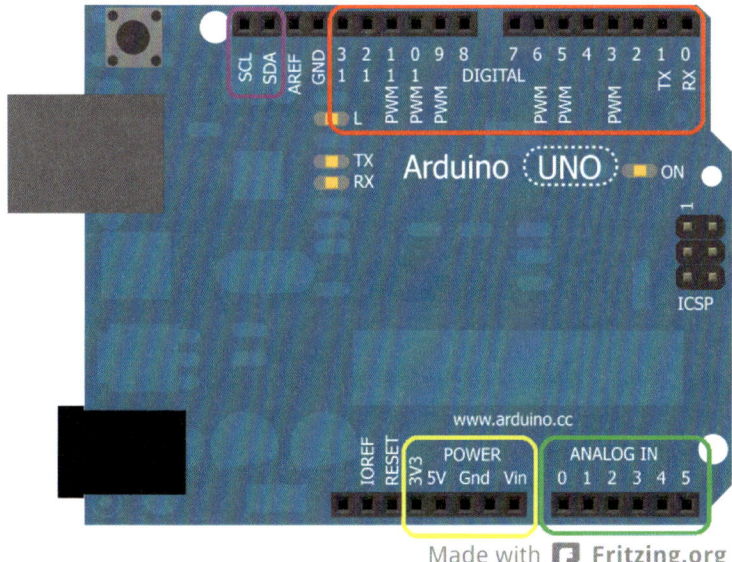

Schematische Darstellung des Arduino Uno

Gelb sind die Spannungsein- und -ausgänge, 3,3 V und 5 V sind Ausgänge, Vin ist der Spannungseingang und gleich der großen schwarzen Buchse links. GND (Ground) ist der Masseanschluss. Lila ist der I2C-Bus. Der USB-Anschluss ist der große silberne Anschluss links. Dort wird der Arduino mit dem PC verbunden.

In einigen Projekten dieses Buches wird der Arduino Micro verwendet. Er ist mit dem Uno identisch, nur wurde das Board deutlich verkleinert. Alle Programme laufen sowohl auf dem Uno als auch auf dem Micro ohne weitere Anpassungen. Wie beim Uno sind auch beim Micro die Bedeutungen der einzelnen Anschlüsse auf dem Board aufgedruckt. Der Micro ist wegen seiner Größe nicht nur für den Einbau in die Fahrzeuge interessant, auch für das Steckbrett eignet sich der Micro deutlich besser, da man ihn – ausgestattet mit den entsprechenden Stiftleisten – direkt aufstecken kann.

7.3.1 Arduino IDE installieren und einrichten

Für die Installation der Arduino-Entwicklungsumgebung folgen Sie bitte den Installationsanweisungen.

Nach erfolgter Arduino-IDE-Installation können Sie die Archivdatei der Projekte aus dem Internet laden und entpacken. Nach dem Auspacken haben Sie die folgende Struktur für den Arduinobereich:

Projektbaum:

```
Sketchbook\
   ...<Name des Projektes>
   libraries\
     <name>\
        ...(Die benötigten Bibliotheken)
```

Nachdem sowohl die Arduino-Entwicklungsumgebung als auch die Programme installiert wurden, müssen sie miteinander bekannt gemacht werden. Dazu starten Sie die Arduino IDE und gehen in die Einstellungen (*Datei/Einstellungen*).

Stellen Sie den *Sketchbook-Speicherort* auf den Pfad um, in dem Sie die Projekte gespeichert haben. Verlassen Sie den Dialog *Voreinstellungen* mit *OK*, beenden Sie die IDE und starten Sie sie erneut. Jetzt ist Ihre Arduino-Entwicklungsumgebung komplett eingerichtet.

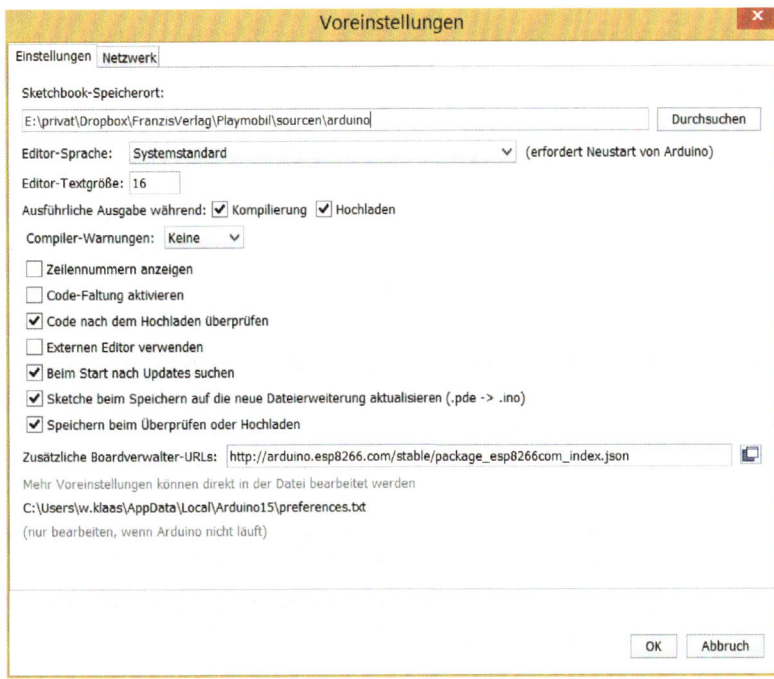

Wichtige *Voreinstellungen* festlegen.

Es kann sein, dass die Arduino-Entwicklungsumgebung Ihnen nach der Installation oder dem Start vorschlägt, einige Bibliotheken upzudaten. Es gibt normalerweise keine Probleme, wenn Sie dieser Aufforderung folgen. Eine Garantie gibt es natürlich nicht. Sollte nach dem Update wider Erwarten ein Sketch nicht funktionieren, können Sie einfach den Sketchbook-Ordner aus der ZIP-Datei erneut auspacken. Damit wird der alte Zustand wiederhergestellt, allerdings werden auch Ihre Änderungen überschrieben, also denken Sie an Ihre Datensicherung.

7.3.2 Arduino-Treiberinstallation unter Windows

Schließen Sie das Arduino-Board an und warten Sie, bis Windows den Installationsprozess startet. Nach kurzer Zeit wird der Prozess fehlschlagen.

❶ Öffnen Sie im *Start*-Menü die *Systemsteuerung*.
❷ Öffnen Sie in der *Systemsteuerung* die Kategorie *System* und *Sicherheit*. Dann gehen Sie auf *System* und öffnen dort den *Geräte-Manager*.
❸ Sehen Sie unter *Anschlüsse (COM&LPT)* nach. Hier sollten Sie einen offenen Port namens *Arduino UNO (COMxx)* sehen. Wenn nicht, finden Sie ihn unter *Andere Geräte*.

④ Öffnen Sie mit der rechten Maustaste das Kontextmenü auf *Arduino UNO (COMxx)* oder *Unbekanntes Gerät* und wählen Sie *Treiber aktualisieren*.

⑤ Als Nächstes wählen Sie *Auf dem Computer nach Treibersoftware suchen*.

⑥ Im nächsten Dialog wählen Sie *Durchsuchen* und navigieren dann zum Verzeichnis *Drivers* der Arduino-IDE-Installation. Mit *Weiter* wird die Installation gestartet. Den Rest erledigt Windows allein.

7.3.3 Starten der Arduino-Entwicklungsumgebung

Starten Sie die Entwicklungsumgebung oder kurz IDE. Laden Sie das Programm *Blink* über den Befehl *Öffnen* oder über das Menü *Datei/Sketchbook/Allgemein/Blink*.

Als Nächstes müssen Sie einmalig das richtige Arduino-Board und den Kommunikationsport einstellen. Wählen Sie im Menü *Tools/Board* den *Arduino Uno* aus, dann im Menü *Tools/Serieller Port* den Port, an dem der Arduino angeschlossen ist. Damit der Port erscheint, muss der Arduino angeschlossen sein.

Um das Programm auf den Arduino zu übertragen, drücken Sie auf den *Upload*-Button. Die Arduino IDE wird das Programm

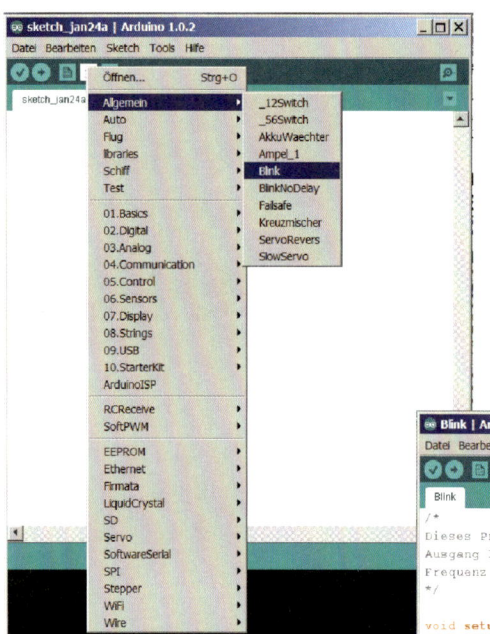

Blink-Sketch laden

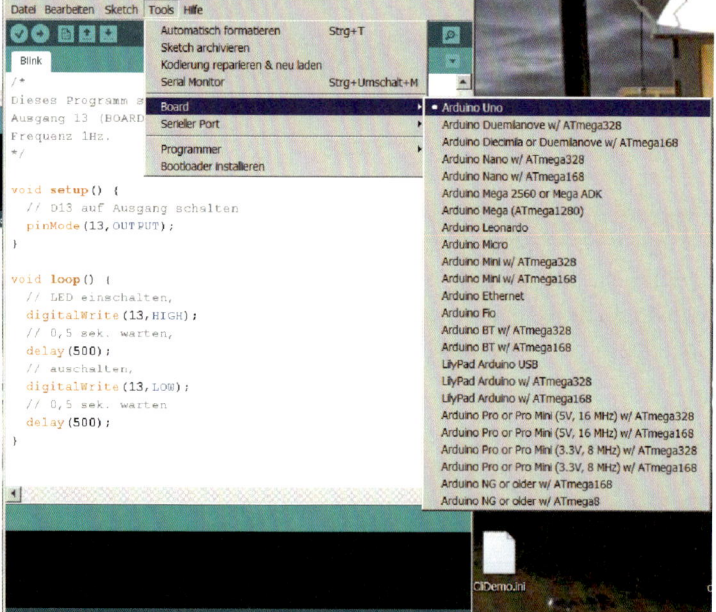

Einstellen des Boards

Arduino™ und Raspberry Pi

übersetzen und in den Arduino laden. Dabei sollten die beiden LEDs RX und TX auf dem Board flackern. Nach erfolgreichem Upload sollte die LED auf dem Board blinken.

Glückwunsch! Damit haben Sie Ihr erstes Programm erfolgreich auf den Arduino übertragen.

7.3.4 Sketch 1: Bringt eine LED zum Blinken

Der Sketch Blink.ino bringt die LED auf dem Arduino (Ausgang 13) mit einer Frequenz von 1 Hz zum Blinken.

Der IDE-Upload läuft.

```
006
007  void setup() {
009    pinMode(13,OUTPUT);         D13 auf Ausgang schalten
010  }
011
012  void loop() {
014    digitalWrite(13,HIGH);      LED einschalten
016    delay(500);                 0,5 Sekunden warten
018    digitalWrite(13,LOW);       LED ausschalten
020    delay(500);                 0,5 Sek. warten
021  }
```

Ein Sketch für den Arduino sieht immer gleich aus. Die beiden Funktionen setup() und loop() werden immer benötigt.

In der setup()-Funktion werden die Initialisierungen vorgenommen. Sie wird nur nach dem Start des Controllers ausgeführt. Danach kommt die loop()-Funktion. Sie wird so lange und immer wieder ausgeführt, bis der Controller einen Reset bekommt oder der Strom abgeschaltet wird.

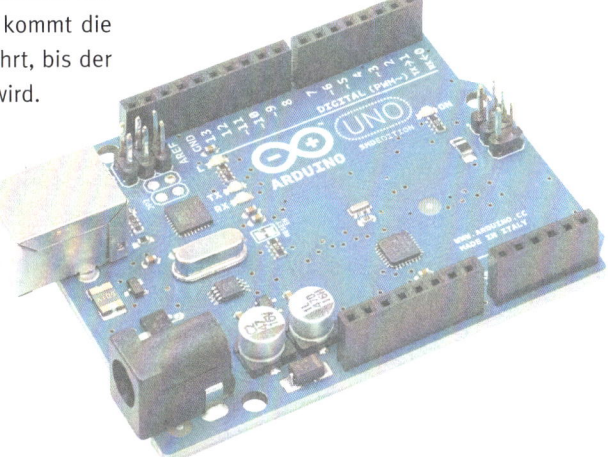

7.4 Grundlagen der Programmierung

Man kann auch eigene Funktionen programmieren. Diese können Werte übernehmen und auch einen Wert zurückgeben.

Einfache Funktion ohne Werte:

```
001 void ledOn() {
003   digitalWrite(13,HIGH);
004 }
```

LED einschalten

Oder auch mit Rückgabewert:

```
001 boolean isLEDOn() {
002   return digitalRead(13);
003 }
```

Hier wird ein Wahr/Falsch-Wert zurückgegeben. Parameter funktionieren so:

```
001 void setLedOnAndWait(byte pin, int msec) {
003   digitalWrite(pin,HIGH);
005   delay(msec);
006 }
```

LED einschalten

Warten

> **Funktionen überschaubar halten**
>
> Machen Sie in einer Funktion nicht zu viel. Schreiben Sie kurze Funktionen, die einen eindeutigen Zweck haben, und nicht langen Spaghetti-Code. Solchen Code möchten Sie später nicht noch einmal lesen. Optimal sind meiner Meinung nach Funktionen, die nicht mehr als eine Bildschirmseite einnehmen. Und wenn sich Ihr Programm wie ein Buch liest, dann sind Sie dem Optimum sehr nahe. Und keine Angst, die modernen Compiler optimieren Ihren Code. Sie sollten nur dann anfangen, den Code selber zu optimieren, wenn Sie merken, dass das Programm nicht mehr richtig läuft.

7.4.1 Variablen und Konstanten benennen

Kleiner Tipp: Der Compiler übersetzt die Namen von Variablen und Funktionen sowieso in seine eigene Sprache. Sie müssen bei der Namenswahl keine Rücksicht auf den Compiler nehmen. Benennen Sie also Ihre Funktionen und Variablen richtig. Variablen benennt man am besten nach dem, was sie bedeuten. Wenn ein Pin die LED für das Fahrlicht steuert, dann sollte die Variable, oder in diesem Fall die Konstante, auch so heißen. LED_FAHRLICHT.PIN13 wäre zwar auch eine korrekte Bezeichnung, sie sagt aber später nicht mehr viel aus. Funktionen sollte man nach dem benennen, was sie tun.

Um wie im oben genannten Beispiel eine LED einzuschalten und eine Zeitlang zu warten, wäre die richtige Bezeichnung `setLEDOnAndWait()`. Oder zum Beispiel im deutschen `schalteLEDEinUndWarte()`. Wenn man später im Quelltext auf den Aufruf der Funktion stößt, weiß man direkt, was die Funktion tut, ohne dass man sie erst untersuchen muss.

Bei einem Namen wie `Lon()` weiß man das nach einiger Zeit nicht mehr. Ich verwende sehr gerne die CamelCase-Notation für alles, was einen Namen hat. Das bedeutet, in einem Namen verwende ich keine Trennzeichen wie

z. B. Unterstriche, um Namensteile abzutrennen, sondern benutze die Groß-/Kleinschreibung.

Da gerade Variablen und Konstanten das Thema sind – Konstanten kann man auf zwei verschiedene Weisen benutzen:

- Als Textersetzung; hier wird vom Compiler einfach immer der Makrotext durch den Inhalt ersetzt. Das funktioniert mit beliebigen Makros.

```
002 #define LED_FAHRLICHT 13
003
005 pinMode(LED_FAHRLICHT, OUTPUT);
```

Definition

Anwendung

- Die andere Variante ist eine tatsächliche Konstante eines Typs.

```
002 const byte LED_FAHRLICHT = 13;
003
005 pinMode(LED_FAHRLICHT, OUTPUT);
```

Definition

Anwendung

Welche Variante Sie bevorzugen, bleibt Ihnen überlassen.

7.4.2 Variablen haben einen Typ

Folgende Variablen-Typen können Sie verwenden:

- `boolean` – kann nur zwei Werte annehmen, wahr oder falsch (`true`, `false`) oder auch 1 oder 0 (0 = `false`, 1 = `true`).
- `byte` – kann ein Byte aufnehmen. Also Werte von 0...255.
- `char` – kann ein Zeichen aufnehmen, also z. B. A oder ß.
- `int` – kann Werte zwischen -32.768 bis 32.767 aufnehmen. Braucht 2 Byte Platz.
- `unsigned int` – kann Werte zwischen 0 und 65.535 aufnehmen.
- `word` – ist das Gleiche wie `unsigned int`.
- `long` – kann Werte zwischen -2.147.483.648 und 2.147.483.647 aufnehmen. Braucht 4 Byte Platz.
- `unsigned long` – kann Werte zwischen 0 und 4.294.967.295 aufnehmen. Braucht 4 Byte Platz.
- `float` – speichert Fließkommazahlen. Bereich von 3.4028235E+38 bis herunter nach -3.4028235E+38. Die Zahlen werden aber nur in 4 Byte gespeichert. Deswegen ist die Genauigkeit recht gering. Manchmal ist 6.0 / 3.0 leider nicht 2.0.
- `String` – Zeichenkette, also so etwas wie `Playmobil ist fertig!`
- `Arrays` – und dann gibt es da noch die Felder, `Arrays`. Man definiert sie einfach so: `byte feld[4];`

Gezählt wird dann immer von 0 an. Dieses Feld hier geht von 0...3 und enthält vier Speicherplätze.

Anwendungsbeispiel:

```
Lesen mit byte x = feld[2]; Beschreiben mit feld[2] = 13;
```

7.4.3 Variablen und Feldern Werte zuweisen

Wie eben schon angemerkt, kann man Variablen einen beliebigen noch freien Namen geben. Es gibt aber bestimmte Wörter, die Tabu sind. Beipielsweise sind alle definierten Schlüsselwörter der Sprache C++ wie auch alle bereits definierten Funktionen nicht erlaubt. Man kann Variablen und Feldern auch gleich Werte zuweisen.

Das geht so:

```
001 String test = "Arduino";
002 byte feld[] = {1,2,3,4};
003 float preis = 3.32;
```

Für viele verschiedene Anwendungsfälle gibt es bereits fertige Bibliotheken, die Sie nur in Ihr Projekt einbinden müssen. Die Arduino-Entwicklungsumgebung macht es Ihnen dabei sehr leicht. Über den Menüpunkt *Sketch/Bibliothek einbinden* können Sie aus einer Vielzahl von Bibliotheken die benötigten auswählen. Die Arduino IDE übernimmt dann automatisch die Referenzierung in Ihrem Projekt. Beispielsweise verweist

```
#include <RCArduinoESP8266.h>
#include <RCArduinoReceiver.h>
```

auf die in diesem Buch benutzte RCArduino-Bibliothek. Falls mal eine Bibliothek nicht im Standardpaket enthalten ist, können Sie sie über den Bibliotheksmanager *Sketch/Bibliothek einbinden/Bibliotheken verwalten* nachinstallieren.

Und nun ein paar wichtige Funktionen:

```
pinMode(PIN, MODE);
```

dient der Angabe, ob ein Pin der Ein- oder Ausgabe dient. PIN ist die entsprechende Pinnummer, MODE kann folgende Werte annehmen: INPUT für Eingabe, INPUT_PULLUP für Eingabe mit automatischem Pullup-Widerstand (sehr gut für Schalter gegen Masse) oder OUTPUT für die Ausgabe. Jeder Pin muss vor der Verwendung entsprechend initialisiert werden. Manche Bibliotheken, wie z. B. die serielle Schnittstellenbibliothek, machen das für Ihre benötigten Pins schon automatisch.

```
digitalWrite(PIN, Wert)
```

schreibt auf den `PIN` den entsprechenden Wert, also 0 oder 1.

```
byte eingabe = digitalRead(PIN)
```

fragt den Wert eines Pins ab. Ist der Pin als Eingabe geschaltet, dann liefert die Funktion den anliegenden logischen Pegel. Ist der Pin als Ausgabe geschaltet, liefert die Funktion den ausgegebenen Wert.

Mit `analogWrite(PIN, WERT)` kann man einen analogen Wert auf einen Ausgang geben. Es können nur bestimmte Ausgänge verwendet werden – gekennzeichnet mit dem Wort PWM. Und die Ausgabe ist nicht wirklich analog, denn ausgegeben wird ein Rechtecksignal mit einer Frequenz von ca. 500 Hz und der Wert (0...255) gibt an, wie lange das Signal eine 1 ausgibt. Dieses Signal kann man aber leicht in eine analoge Spannung umwandeln:

```
int wert = analogRead(PIN);
```

Es liefert nun den Spannungswert des analogen Eingangs `PIN`. Er liegt im Bereich von 0...1023 und bedeutet, ohne weitere Einstellung, einen Spannungsbereich von 0 V bis 5 V.

Mehr dazu finden Sie auf meiner Webseite *www.RCArduino.de*.

```
millis()
```

gibt einem die Anzahl der Millisekunden seit dem Start des Arduino-Boards.

```
delay(ms)
```

verzögert die Ausführung um die genannte Anzahl der Millisekunden. Der Aufruf `delay(1000)` verzögert die Ausführung also um eine Sekunde.

7.4.4 Mathematische Funktionen einsetzen

Es gibt auch eine ganze Reihe an mathematischen Funktionen:

- `max(a,b)` gibt den größeren Wert, `min(a,b)` den kleineren.
- `abs(x)` liefert den absoluten Wert ohne Vorzeichen.
- `constrain(x,a,b)` liefert einen Wert innerhalb der Werte x und y zurück. Ist also a innerhalb von x und y, dann kommt a zurück, ist a < x, dann kommt x zurück und ist a > y, dann kommt y zurück.

- `map(a, x1, y1, x2, y2)` ist eine Funktion für Faule oder der implementierte Dreisatz. `a` ist der Eingabewert, `x1`, `y1` ist der Wertebereich von `a`, `x2` und `y2` ist der angestrebte Wertebereich.

Hier die mathematische Formel:

```
Ergebnis = (a - x1) * (y2 - x2) / (y1 - x1) + x2;
```

7.4.5 Kontrollstrukturen im Programmfluss

Kontrollstrukturen braucht man immer, wenn man den Programmfluss beeinflussen möchte. Das Einfachste ist eine Verzweigung. Ist die Bedingung `wahr`, dann wird der Programmteil ausgeführt, der direkt danach steht, ist die Bedingung `falsch`, wird der Teil nach `else` ausgeführt.

```
001 if (Bedingung) {
002   // Bedingung wahr
003 } else {
004   // Bedingung falsch
005 }
```

Anwendungsbeispiel:

```
001 byte schalter = digitalRead(SCHALTER_PIN);
002 if (schalter == 0) {       // Taste gedrückt
004 } else {                    // Taste nicht gedrückt
```

Mehrfache Abfragen macht man am besten mit einer `switch`/`case`-Anweisung:

```
001 switch (Ausdruck) {
002   case 1. Möglichkeit:
003     1. Befehl
004     ...
005     break;
006   case 2. Möglichkeit:
007     2. Befehl
008     ...
009     break;
010   case 3. Möglichkeit:
011     3. Befehl
012     ...
013     break;
014   ...
015   default:
016     ;
017 }
```

Schleifen sind auch sehr wichtig, eine einfache Zählschleife geht so:

```
001 for (int i = 1; i <= 100; i++) {
002 ...
003 }
```

Dies ist eine Schleife mit Bedingung:

```
001 while(Bedingung){
002    // Kommandos
003 }
```

Weitere Strukturmittel und Vertiefung finden Sie auf meiner Internetseite.

7.4.6 Debuggen auf dem Arduino

Debuggen auf dem Arduino ist leider nicht so einfach möglich. Es gibt den Atmel Chip Debugger, der aber immer einen Programmieradapter voraussetzt. Da der Arduino aber immer mit dem Host verbunden ist, kann man auch diese Verbindung zum Debuggen benutzen. Die einfachste Möglichkeit ist, im Programm an bestimmten Stellen Ausgaben auf eine Schnittstelle zu machen und diese dann auf dem Host auszuwerten. Man kann sich dann mithilfe des in der Arduino IDE eingebauten Terminalfensters die Ausgaben anschauen und so Fehler im Programm finden.

Zur Verdeutlichung habe ich eine kleine Bibliothek geschrieben, die uns die Aufgabe vereinfacht. Vorteil der Bibliothek ist, dass man die Debug-Ausgaben auch im produktiven Code lassen kann. Gesteuert wird die Ausgabe über einen Schalter. Ist dieser Schalter vorhanden, wird der Code für die Ausgaben bei der Kompilierung generiert. Fehlt der Schalter oder ist er auskommentiert, wird der zusätzliche Debug-Code nicht erzeugt und ist somit im späteren Programm auch nicht vorhanden. Eingebunden wird diese Bibliothek über:

```
#include <debug.h>
```

Zum Einschalten der Debug-Optionen muss vor `#include` ein Schalter gesetzt werden:

```
#define debug
```

Ist er gesetzt, werden bei der nächsten Kompilierung die Debug-Makros aktiviert. Kommentiert man den Schalter wieder aus, werden bei der nächsten Kompilierung die Debug-Makros ignoriert.

Folgende Makros sind in der Bibliothek definiert:

```
initDebug()
```

Die Initialisierung der Debug-Bibliothek sollte in der Setup-Methode vor der ersten Verwendung der dbg-Makros erfolgen. Die Schnittstelle wird mit 57600 Baud und 8N1-Notation initialisiert, kann aber, wenn nötig, danach überschrieben werden.

`dbgOut(S)`

Ausgabe des Wertes von `S`. `S` kann dabei eine beliebige Variable, Konstante oder ein String sein. Alles, was auch bei der `Serial.print()`-Funktion Verwendung finden darf.

`dbgOut2(S,P)`

Ausgabe des Wertes von `S` im Format `P`. `S` kann dabei eine beliebige Variable, Konstante oder ein String sein, alles, was auch bei `Serial.print()` Verwendung finden darf. `P` ist der Formatparameter. Erlaubt sind bei Integerwerten `BIN`, `OCT`, `DEC` und `HEX`. Bei Floatwerten wird die Anzahl der Nachkommastellen angegeben.

`dbgOutLn(S)`

Ausgabe des Wertes von `S` mit anschließendem Zeilenvorschub. Abgebildet wird das auf die `Serial.println()`-Funktion.

`dbgOutLn2(S,P)`

Die gleiche Funktion wie `dbgOut2`. Es wird aber zusätzlich ein Zeilenvorschub ausgegeben.

Zusätzlich zur `debug.h`-Bibliothek gibt es drei weitere Bibliotheken.

Für den Mega gibt es die Bibliotheken `debug2.h` und `debug3.h`. Sie sind für die zwei zusätzlichen Schnittstellen 2 und 3 des Mega zuständig. Speziell für den Arduino Uno gibt es noch die `debugAlt.h`-Bibliothek. Dabei wird die serielle Softwareschnittstelle mit der `AltSoftSerial`-Bibliothek von Paul Stoffregen verwendet. Leider muss die Bibliothek in das eigentliche Programm integriert werden.

Somit sieht der Startblock in der Anwendung folgendermaßen aus:

```
001 #define debug
002 #ifdef debug
003 #include <AltSoftSerial.h>
004 #endif
005 #include <debugAlt.h>
```

Hier ein Debug-Beispiel mit der `AltSoftSerial`-Bibliothek:

```
002 //#define debug
003 #ifdef debug
004 #include <AltSoftSerial.h>
```

Zum Einschalten der Debug-Funktion Kommentarzeichen entfernen

```
005 #endif
006 #include <debugAlt.h>
007
008 void setup() {
010   initDebug();
012   dbgOutLn("InitDebug");
013 }
014
015 int count = 0;
016 void loop() {
018   dbgOut("C");
020   dbgOutLn2(count, HEX);
021   dbgOutLn2(1.2345, 2);
022
023   #ifdef debug
025   #endif
026
027 count++;
028   delay(100);
029 }
```

Initialisierung der Debug-Bibliothek	
Erste Ausgabe mit Zeilenumbruch	
Einfache String-Ausgabe ohne Zeilenumbruch	
Ausgabe mit zusätzlichem Format-Parameter	
Der Code hier wird nur im Debug-Modus kompiliert.	

7.5 Raspberry Pi für komplexe Aufgaben

Für einige Projekte in der Polizeistation wird ein Computer benötigt, der zwar noch klein und einfach ist, jedoch deutlich mehr Rechenleistung erfordert, als ein Arduino sie bieten kann. Hier bietet sich der Raspberry Pi an. Gerade die neueren Versionen des Raspberry Pi, der Raspberry Pi 2 und 3, haben genügend Rechenleistung, um auch komplexere Aufgaben wie z. B. die Gesichtserkennung zu übernehmen. In diesem Buch verwende ich einen Raspberry Pi 3 mit einem Raspbian Jessie Image. Der Raspberry Pi 3 hat einen Quad-Core-Prozessor mit 1,2 GHz und ist trotzdem recht günstig zu bekommen. Aber auch der Raspberry Pi 2 ist mit seinen 1 Ghz, mit Übertaktung, der Aufgabe gewachsen.

7.5.1 IDLE, das Entwicklungssystem für Python

Als Programmierumgebung für den Raspberry Pi in diesem Buch wird Python 2 benutzt. Viele der vorgestellten Bibliotheken gibt es bereits für die Python-3-Umgebung. Zur Installation müssen natürlich die Python-3-Bibliotheken verwendet werden. Leider ist im derzeitigen Raspbian-Stand ein Python 3.2 installiert. Neuere Versionen, z. B. die aktuelle Version 3.4, sind zwar in Vorbereitung, aber leider noch nicht ohne Weiteres verfügbar.

Manche der hier vorgestellten Bibliotheken stehen für Python 3.2 leider nicht zur Verfügung. So wird z. B. das Flask Framework nur für Python 3 ab Version 3.4 angeboten. Deswegen habe ich mich entschlossen, alle Quelltexte auf Basis von Python 2 zu veröffentlichen. Allerdings sind fast alle hier vorgestellten Projekte mit kleineren Änderungen auch unter Python 3 lauffähig.

Für die Programmierung des Raspberry Pi mit Python wird kein zusätzliches Programm benötigt, denn alles ist bereits auf dem Raspberry Pi Raspbian eingerichtet. Als einfachste Variante kann man einen beliebigen Editor wie nano oder leafpad benutzen. Dazu ein Terminalfenster, in dem man das fertige Programm ausführt, fertig.

Etwas komfortabler ist die Nutzung des in Python geschriebenen IDLE-Entwicklungssystems (Integrated Development Environment). Es beinhaltet eine Konsole, einen Quelltexteditor und sogar einen einfachen Debugger. Mit den Shortcuts im Menü des Raspberry Pi lässt sich IDLE sehr komfortabel starten. Leider können Sie damit nicht auf die Hardware zugreifen, weil die IDE damit nicht im Admin-Account läuft. Dazu ruft man in einem Terminalfenster einfach folgenden Befehl auf:

```
sudo /usr/bin/idle
```

bzw.

```
sudo /usr/bin/idle3
```

falls Sie die Python-3-Entwicklungsumgebung bevorzugen.

Sie können sich natürlich auch einen eigenen Menüeintrag oder einen Link auf den Desktop machen. Für einen Link erzeugen Sie eine neue Datei unter */home/pi/Desktop/*

```
nano /home/pi/Desktop/Py_Root.desktop
```

mit folgenden Inhalten:

```
[Desktop Entry]
Name=Python 2
Comment=Integrated development environment for Python 2
TryExec=/usr/bin/idle
Exec=sudo /usr/bin/idle
Icon=/usr/share/pixmaps/idle.xpm
Terminal=false
MultipleArgs=false
Type=Application
Categories=Application;Development;
StartupNotify=true
```

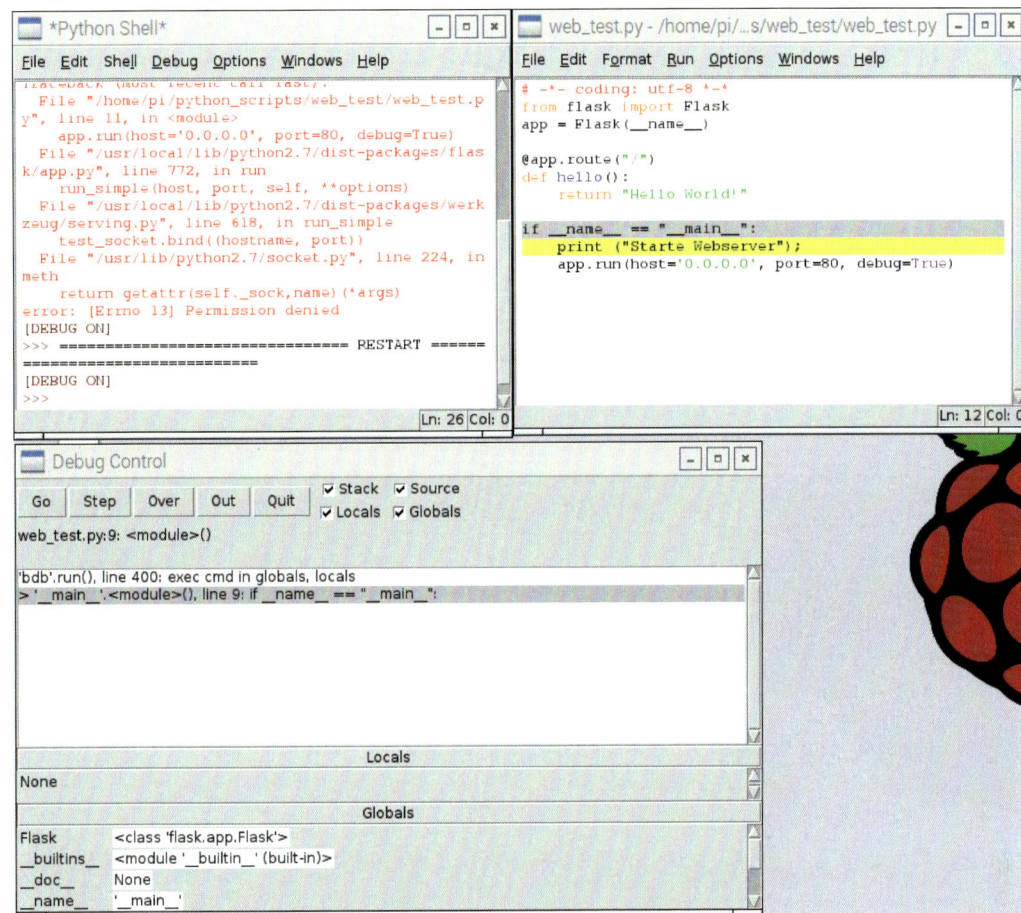

IDLE-Entwicklungssystem für Python

Über *Debug/Debugger* kann man das Debug-Fenster starten. Startet man ein Programm, startet automatisch auch der integrierte Debugger. Die lokalen Variablen kann man sich im Bereich *Locals* ansehen, globale Variablen sind im Bereich *Globals* zu finden. Schaltet man *Source* an, wird die aktuelle Zeile im Quelltexteditor grau hinterlegt. Breakpoints kann man mit dem Kontextmenü im Editor setzen. Die entsprechenden Zeilen werden dann gelb hinterlegt.

7.5.2 Installation der OpenCV-Bibliothek

Um mit dem Raspberry eine Objekt- bzw. Gesichtserkennung durchführen zu können, müssen verschiedene Softwarekomponenten auf dem Raspberry installiert werden. Neben kleineren Tools und Bibliotheken für

Python ist die wichtigste Komponente die OpenCV-Bibliothek. Diese freie Bibliothek dient der Bildverarbeitung im Allgemeinen und bietet zudem spezielle Funktionen für das maschinelle Sehen und die Objekterkennung. Dabei wird neben der Implementierung neuester Forschungsergebnisse auch großer Wert auf die Geschwindigkeit gelegt.

Die Installation von OpenCV auf dem Raspberry erfordert etwas Geduld und etwas Zeit, da die Bibliothek für den Raspberry nur als Quelldateien zur Verfügung steht und somit zunächst einmal kompiliert werden muss. Allerdings hat ein findiger Programmierer namens Will Price einen großen Teil der Arbeit abgenommen und ein vollautomatisches Installationsskript geschrieben.

Die aktuelle Version kann man im Internet unter der URL *https://gist.github.com/willprice/c216fcbeba8d14ad1138* herunterladen und in den Home-Ordner des Pi-Users speichern.

Auch in der ZIP zu diesem Buch ist die Datei enthalten. (Ordner: *Raspberry/install-opencv.sh*).

Danach muss man der Datei über den Dateimanager nur noch Ausführungsrechte geben und die Datei in einem Terminal starten. Die Ausführung des Skripts auf einem Raspberry Pi 3 dauert je nach Installationsstand des Images ca. 30 bis 60 Minuten. Bevor Sie aber das Skript starten, sollten Sie mit

```
sudo apt-get update
sudo apt-get upgrade
sudo reboot
```

das Image auf den aktuellen Stand bringen. Vielfach wird auch ein rpi-Update (Update des Raspberry Linux Kernels) empfohlen. Davon rate ich allerdings wegen schlechter Erfahrungen ab. Ist das Skript fehlerfrei durchgelaufen, sollten Sie einmal überprüfen, ob die Installation funktioniert hat. Dazu starten Sie die Python-Entwicklungsumgebung und geben folgende Befehle ein:

```
import cv2
cv2.__version__
```

Achten Sie darauf, dass `version` mit jeweils zwei Unterstrichen beginnt und endet. Das System sollte mit der Versionsnummer der OpenCV-Bibliothek 3.1.0 antworten.

7.5.3 Install-opencv.sh

```bash
001  #!/usr/bin/env bash
002
003  OPENCV_VERSION="3.1.0"
004
005  OPENCV_URL="https://github.com/Itseez/opencv/archive/$
                                       {OPENCV_VERSION}.zip"
006  OPENCV_PACKAGE_NAME="opencv-${OPENCV_VERSION}"
007  OPENCV_CONTRIB_URL="https://github.com/Itseez/opencv_contrib/
                           archive/${OPENCV_VERSION}.zip"
008  OPENCV_CONTRIB_PACKAGE_NAME="opencv_contrib-$
                                       {OPENCV_VERSION}"
009
010  PREFIX="${PREFIX:-/usr/local}"
011  MAKEFLAGS="${MAKEFLAGS:--j 4}"
012
013  install_build_dependencies() {
014      local build_packages="build-essential git cmake pkg-
                                                     config"
015      local image_io_packages="libjpeg-dev libtiff5-dev
                                           libjasper-dev \
016                       libpng12-dev"
017      local video_io_packages="libavcodec-dev libavformat-dev \
018                       libswscale-dev libv4l-dev \
019                       libxvidcore-dev libx264-dev"
020      local gtk_packages="libgtk2.0-dev"
021      local matrix_packages="libatlas-base-dev gfortran"
022      local python_dev_packages="python2.7-dev python3-dev
                                       python-pip python3-pip"
023
024      sudo apt-get install -y $build_packages $image_io_
                                       packages $gtk_packages \
025                 $video_io_packages $matrix_packages
                                       $python_dev_packages
026  }
027
028  install_global_python_dependencies() {
029      sudo pip install virtualenv virtualenvwrapper
030  }
031
032  install_local_python_dependences() {
033      pip install numpy
034  }
035
036  download_packages() {
037      wget -c -O "${OPENCV_PACKAGE_NAME}.zip" "$OPENCV_URL"
038      wget -c -O "${OPENCV_CONTRIB_PACKAGE_NAME}.zip" "
                                       $OPENCV_CONTRIB_URL"
```

Programmdatei:
Install-opencv.sh

```
039 }
040
041 unpack_packages() {
042     # unzip args:
043     # -q = quiet
044     # -n = never overwrite existing files
045     unzip -q -n "${OPENCV_PACKAGE_NAME}.zip"
046     unzip -q -n "${OPENCV_CONTRIB_PACKAGE_NAME}.zip"
047 }
048
049 setup_virtualenv() {
050     export WORKON_HOME="$HOME/.virtualenvs"
051     source /usr/local/bin/virtualenvwrapper.sh
052     mkvirtualenv -p python3 cv
053     workon cv
054     install_local_python_dependences
055 }
056
057 build() {
058     cmake -D cmAKE_BUILD_TYPE=RELEASE \
059         -D cmAKE_INSTALL_PREFIX="$PREFIX" \
060         -D INSTALL_C_EXMAPLES=ON \
061         -D INSTALL_PYTHON_EXAMPLES=ON \
062         -D OPENCV_EXTRA_MODULES_PATH="$HOME/$OPENCV_
                            CONTRIB_PACKAGE_NAME/modules" \
063         -D BUILD_EXAMPLES=ON \
064         ..
065     make ${MAKEFLAGS}
066 }
067
068 install() {
069     sudo make install
070     sudo ldconfig
071 }
072
073 log() {
074     local msg="$1"; shift
075     local _color_bold_yellow='\e[1;33m'
076     local _color_reset='\e[0m'
077     echo -e "\[${_color_bold_yellow}\]${msg}\[${_color_
                                                reset}\]"
078 }
079
080 main() {
081     log "Installing build dependencies..."
082     install_build_dependencies
083     log "Downloading OpenCV packages..."
084     download_packages
085     log "Unpacking OpenCV packages..."
```

```
086     unpack_packages
087     log "Installing global python deps..."
088     install_global_python_dependencies
089     log "Setting up local python environment..."
090     setup_virtualenv
091     log "Building OpenCV..."
092
093     cd "$OPENCV_PACKAGE_NAME"
094     mkdir build
095     cd build
096
097
098     echo "Installing OpenCV..."
099     install
100 }
101
102 main
```

In der ZIP-Datei ist auch eine Textdatei enthalten, die beschreibt, welche manuellen Schritte man für eine Installation durchführen muss. Die Dateien finden Sie im ZIP im Ordner: *Raspberry/install_manuell.txt*

7.5.4 Training eines eigenen Klassifikators

Um einen eigenen Klassifikator zu trainieren, benötigt man verschiedene Dinge. Zunächst braucht man ein Menge Bilder, auf denen das gewünschte Objekt abgebildet ist. Sie werden auch Positivbilder genannt. Als Gegenstück dazu werden auch Bilder benötigt, auf denen das gewünschte Objekt nicht abgebildet ist, die sogenannten Negativbilder.

Um z. B. den bei der OpenCV-Installation mitgelieferten *haarcascade_frontalface_default.xml* neu zu trainieren, benötigt man ca. 6.000 Bilder von Gesichtern und 20.000 Bilder, auf denen kein Gesicht abgebildet ist. Zum Glück wird diese Menge von Bildern für die Playmobil-Figurenerkennung nicht benötigt, aber man sollte schon eine größere Anzahl von Bildern bereitstellen.

Es gibt einen kleinen Trick, wie man aus einer kleinen Menge von Bildern doch noch eine große Zahl von Positivbildern erzeugt. Neben den positiven Bildern wird eine Datei benötigt, in der pro Zeile für jedes positive Bild die genauen Koordinaten (Zone) des gesuchten Objekts enthalten sind. Das Objekt darf auch mehrfach auf dem Bild enthalten sein, man muss nur die richtigen Zonen definieren.

Auch für die negativen Bilder benötigt man eine Datei mit den entsprechenden Namen. Eine Zonendefinition ist hier natürlich nicht nötig. Nicht

wundern, für eine erfolgreiche Klassifikation reichen Graustufenbilder vollkommen aus. Deswegen werden bei allen Klassifikationsskripten die Bilder zunächst in eine Graudarstellung umgerechnet.

Hier ein Beispiel einer Positivdatei:

```
001  C:\Train\positive\0001.png 1 1 1 39 58
002  C:\Train\positive\0001_0000.jpg 1 86 63 300 300
003  C:\Train\positive\0001_0001.jpg 1 44 69 335 335
004  C:\Train\positive\0001_0002.jpg 1 514 360 28 28
005  C:\Train\positive\0001_0003.jpg 1 57 250 108 108
006  C:\Train\positive\0001_0004.jpg 1 108 182 96 96
007  C:\Train\positive\0001_0005.jpg 1 249 266 34 34
008  C:\Train\positive\0001_0006.jpg 1 179 147 110 110
009  C:\Train\positive\0001_0007.jpg 1 168 152 204 204
010  C:\Train\positive\0001_0008.jpg 1 79 298 45 45
011  C:\Train\positive\0001_0009.jpg 1 148 195 134 134
012  C:\Train\positive\0001_0010.jpg 1 520 315 45 45
```

Und ein Beispiel einer Negativdatei:

```
001  C:\Train\negative\0001.pgm
002  C:\Train\negative\0002.pgm
003  C:\Train\negative\0003.pgm
004  C:\Train\negative\0004.pgm
005  C:\Train\negative\0005.pgm
006  C:\Train\negative\0006.pgm
```

Was man noch braucht, ist ein schneller Rechner. Wenn Sie die Möglichkeit haben, lassen Sie das Training nicht auf dem Raspberry Pi laufen, sondern benutzen dafür Ihren normalen Desktop-Computer oder ein Notebook. Um OpenCV auf einem normalen Windows-PC zu installieren, laden Sie sich nur das entsprechende Installationspaket aus dem Internet herunter – siehe *http://opencv.org*. Das Paket besteht aus einer selbst extrahierenden Archivdatei. Starten Sie diese Datei und wählen Sie einen Ordner auf Ihrem Rechner, z. B. *C:\Train\OpenCV*.

Um auch die kleinen Tools zu benutzen, die ich mit in das Buch-Archiv aufgenommen habe, benötigen Sie auf Ihrem Rechner eine Python-Installation. Auch diese ist recht einfach unter *www.python.org/downloads/windows* herunterzuladen und zu installieren. Ich verwende in diesem Buch eine Python-Version 2.7.11 als 32-Bit-Version, da sie mit der Version auf dem Raspberry gut zusammenarbeitet. So kann man die Quelldateien zwischen beiden System gut austauschen, ohne Anpassungen vornehmen zu müssen.

Zusätzlich muss die Numpy-Bibliothek installiert werden. Sie kann über die URL *https://sourceforge.net/projects/numpy/files/NumPy* aus dem Internet heruntergeladen werden. Verwenden Sie am besten die Version 1.7.1 und in diesem Fall die Datei von *numpy-1.7.1-win32-superpack-python2.7.exe*.

Zum Testen, ob die Installation funktioniert hat, geben Sie bitte in die IDLE-Shell Folgendes ein:

```
import numpy
numpy.version.version
```

Das System sollte mit der Versionsnummer 1.7.1 antworten.

Nun müssen Sie nur noch OpenCV in Python installieren. Dazu wechseln Sie in das OpenCV-Verzeichnis ⟨⋯*opencv*⋯⟩*/build/python/2.7*. Von dort kopieren Sie die Datei *cv2.pyd* nach ⟨⋯*Python Installation*⋯⟩*\lib\site-packages*. Starten Sie IDLE neu und geben folgende Befehle ein:

```
import cv2
cv2.__version__
```

Das System sollte mit der Versionsnummer der OpenCV-Installation 3.1.0 antworten.

Die Python-Shell mit Versionen für Numpy und OpenCV

Damit haben Sie softwaretechnisch alles für das eigene Training vorbereitet. Jetzt kommen die eigentlichen Bilder. Im Buch-Archiv unter ⟨⋯*Ordner*⋯⟩*\OpenCV_Training\positiv\Einbrecher_Gesicht* finden Sie bereits fertige Positivbilder für das Gesicht des Einbrechers. In den anderen Ordnern im Ordner *positiv* finden sich weitere Positivbilder, mit denen Sie gerne den einen oder anderen Klassifikator berechnen lassen können.

Im Ordner sind 27 Fotos des Gesichts in unterschiedlichen Winkeln. Das ist natürlich deutlich zu wenig für eine ordentliche Klassifikation. Also müssen Sie mehr Bilder erzeugen. Natürlich können Sie einfach weitere Fotos machen und sie nachbearbeiten. Für jedes Foto müssen Sie, wie oben

bereits bemerkt, die Zone angeben, wo sich das Objekt befindet. Dazu gibt es auch Tools.

Aber es gibt einen einfacheren Weg: Man extrahiert das Objekt bildfüllend aus dem Originalbild und kombiniert es mit verschiedenen Hintergrundbildern. Diese dürfen ruhig aus der Liste der Negativbilder sein. Man addiert etwas Rauschen dazu und dreht das Objekt leicht. Das kann man natürlich alles von Hand machen, aber OpenCV bietet ein Tool an, *opencv_createsamples.exe*, das genau diese Dinge tut und dabei auch gleich die richtige Zonendatei erstellt. Leider kann das Tool das nur jeweils für ein Positivbild machen.

Will man das für alle 27 Bilder machen, dauert es entsprechend lange. Aber dazu habe ich ein kleines Python-Skript, *erzeuge_positive.py* im Ordner *Bucharchiv/OpenCV_Training/Tools/python*, geschrieben, das diesen Prozess vereinfacht. Sie müssen zunächst aber in der Datei *createSample.cmd* den Pfad zum OpenCV-Tool anpassen.

Das Programm führt folgende Schritte aus:

- Zunächst werden die verschiedenen zu benutzenden Pfade definiert. Hier müssen Sie eventuell ein paar Anpassungen vornehmen.

- Dann wird das Zielverzeichnis erzeugt bzw., wenn vorhanden, gesäubert.

- Es wird die Liste der Negativbilder erzeugt.

- Es gibt einen eigenen Ordner mit Bildern, mit denen die Positivbilder verbunden werden sollen. Er heißt *toCombine*. Hier sind 15 beliebige Bilder aus den Hintergrundbildern hineinkopiert. Jedes Positivbild wird bei diesem Prozess automatisch mit jedem dieser Bilder hier verknüpft, was später insgesamt 27 * 15 = 405 verknüpfte Bilder. Dazu kommen einmal die Originalbilder, also insgesamt sind es letztlich 432 Positivbilder.

- Auch für diesen Kombinationsordner wird eine Listendatei (*toCombine.txt*) erzeugt.

- Jetzt kommt der eigentlich Kombinationsprozess. Er wird für alle Positivbilder aufgerufen.

- Zunächst wird die Originaldatei in das Zielverzeichnis kopiert.

- Dann werden die Dimensionen des Bilds ermittelt (Breite und Höhe) und damit der Zoneneintrag für die Positivdatei (*positive.txt*) erzeugt. Die Originaldatei hat immer eine Zone, die das gesamte Bild einschließt.

- Nun wird das OpenCV-Tool mithilfe der cmd-Datei gestartet. Dabei entsteht neben den verschiedenen Bilddateien gleich eine Datei mit den Zonen, in die das Original kopiert wurde. Schauen Sie sich ruhig mal die Bilddateien an, ob Sie das Gesicht wiederentdecken.

- Als Nächstes müssen die erzeugten Dateien umbenannt werden. Dabei hilft die von dem Tool erzeugte Zonendatei. Sie wird ausgelesen, die Bilder werden umbenannt und der neue Name wird mitsamt der entsprechenden Zone in die allgemeine Zonendatei geschrieben. Zuletzt wird die temporäre Zonendatei gelöscht.

OpenCV-Kombinationsbild

Damit sind die Trainings-Vorbereitungen abgeschlossen und das eigentliche Training kann gestartet werden. Auch dazu gibt es eine bereits vorbereitete Kommandodatei.

Das Training besteht aus zwei Schritten. Zunächst erfolgt ein weiterer Vorbereitungsschritt, indem die Positivbilder zu einer großen Datei – der sogenannten Vektordatei – kombiniert und auf eine für die Erkennung ausreichende Größe beschnitten werden. Der zweite Schritt startet das eigentliche Training, das schon mal ein paar Tage Zeit in Anspruch nehmen kann.

Bevor Sie die Datei ausführen können, müssen noch ein paar kleinere Einstellungen vorgenommen werden.

Mit

```
set DIM=-w 48 -h 24
```

setzen Sie die tatsächliche Größe sowohl für die Quelldateien als auch für das Training. Das ist die für die Erkennung relevante Fläche, auf der die spezifischen Merkmale der Objekte erzeugt werden. Für unsere Erkennung reicht dieser Bereich völlig aus. Nun wird die Vektordatei erzeugt:

```
.\opencv3\build\x64\vc14\bin\opencv_createsamples.exe -info
positive.txt -vec playmobil.vec -num 432 %DIM%
```

Setzen Sie anstelle von 432 die entsprechende Anzahl der Positivbilder ein.

Im nächsten Schritt folgt das Training:

```
.\opencv3\build\x64\vc14\bin\opencv_traincascade.exe -data
classifier -vec playmobil.vec -bg negative.txt -numPos 430
-numNeg 1000 -numStages 20 %DIM% -minHitRate 0.999
-maxFalseAlarmRate 0.5
```

Auch hier müssen Sie die Anzahl der Positivbilder (Parameter -numPos 430) anpassen. Der Wert sollte etwas kleiner sein als die tatsächliche Anzahl der Bilder. Es kann immer mal sein, dass ein oder zwei Bilder den Anforderungen des Klassifikators nicht genügen und eliminiert werden.

Der zweite Wert, der angepasst werden muss, ist die Anzahl der Negativbilder (Parameter -numNeg 1000). Sie wird hier mit 1000 angegeben, obwohl tatsächlich ca. 3200 Bilder zur Verfügung stehen. In jeder Stufe werden damit 1000 neue Negativbilder aus dem vorhandenen Pool zufällig ausgewählt. So gibt es ein bisschen Varianz in den verschiedenen Stufen.

Dann wird die Anzahl der Stufen (Parameter -numStages 20) definiert. 20 ist ein Wert, der sich bei diesem Bildmaterial als ausreichend erwiesen hat. Hier kann man jedoch auch andere Werte einstellen. Je mehr Stufen angegeben werden, desto länger dauert logischerweise das Training, aber es werden auch mehr Objektmerkmale gefunden. Hat man mehr unterschiedliche Positivbilder, kann man den Wert verringern.

Vergessen Sie auch nicht, den Pfad zu den OpenCV-Binaries anzupassen.

Ist der Trainingsprozess durchgelaufen, befindet sich der Klassifikator *cascade.xml* im Ordner *classifier*. Pro Stufe wird dort auch eine Ergebnisdatei abgelegt. Sollten Sie, aus welchen Gründen auch immer, den Prozess einmal stoppen wollen, können Sie ihn mit *restart_train.cmd* neu starten. Der Prozess wird dann bei der letzten vollständigen Stufe aufsetzen. Achten Sie bitte darauf, auch in dieser Kommandodatei die Parameter anzupassen. Normalerweise sollten diese aus dem Projekt ausgelesen werden, aber sicher ist sicher.

Zum Testen des Klassifikators können Sie die Python-Skripte `test_image.py` oder `live_recognition.py` verwenden. Bei beiden Skripten müssen Sie nur den Pfad an den zu verwendenden Klassifikator anpassen.

`test_image.py` testet einfach alle Positivbilder durch, ob das Objekt dort auch gefunden wird, während `live_recognition.py` ein Livebild der Kamera testet.

Und nun viel Spaß beim Erzeugen neuer Trainingsdaten.

7.6 Liste der verwendeten Hardware

Hier die (nicht vollständige) Liste der verwendeten Hardware. Die kleineren Bauteile wie Widerstände, LEDs, Taster und Lautsprecher habe ich hier nicht extra aufgeführt. Auch ist es sinnvoll, ein Steckbrett mit den dazugehörigen Kabeln und einer passenden Stromversorgung zu besorgen. Damit kann man die Projekte auf dem Schreibtisch aufbauen und in aller Ruhe testen, bevor man anfängt, das Playmobil-Spielzeug der Tochter oder des Sohns zu zersägen.

- Arduino Nano oder Arduino Uno – www.arduino.cc/en/Main/ArduinoBoardNano
- ESP8266-WLAN-Module – www.esp8266.com/wiki/doku.php?id=esp8266-module-family
- MP3-Modul von DFRobot – www.dfrobot.com/index.php?route=product/product&product_id=1121
- LM298-Motorcontroller – www.instructables.com/id/Arduino-Modules-L298N-Dual-H-Bridge-Motor-Controll
- Raspberry Pi 3 – www.raspberrypi.org

WLAN AN

Grundlagen der Smartphonesteuerung

8.1	Grundlegendes zum RCArduino	182
8.2	Hardware für das System	183
8.3	Download der Software	183
8.4	Installation der Applikation	184
8.5	Installation der ESP8266-Firmware	184
8.6	Bibliothek für den Arduino	188
8.7	Verbindung Arduino und ESP8266	189

RCArduino ist ein universelles Fernsteuerungsframework, das aufbauend auf verschiedenen Modulen eine Fernsteuerstrecke implementiert. Im Gegensatz zur klassischen Fernsteuerung, bei der die Steuerbewegungen und Schalter direkt als Signale auf die Funkwellen moduliert werden, ähnlich dem normalen Rundfunk, wird bei RCArduino eine digitale Funkverbindung verwendet. Dazu werden entsprechende Funkmodule verwendet, die direkt eine digitale Kommunikation zwischen Sender und Empfänger ermöglichen.

8.1 Grundlegendes zum RCArduino

Zum Beispiel können die bekannten XBEE-Module Verwendung finden. Aber auch Module auf Basis des nRF24L01. Und natürlich kann eine Verbindung auch über Wi-Fi erfolgen. Die Herausforderung ist somit nicht mehr die Funkstrecke selbst, sondern die Implementierung eines geeigneten Protokolls, das die Daten sowohl schnell als auch sicher überträgt.

Bei RCArduino werden die eigentlichen Steuerbefehle als Nachrichten zwischen Sender und Empfänger ausgetauscht. Das Nachrichtenformat ist dabei fest vorgegeben, somit hat jedes Modul eine feste API und kann einfach in das Gesamtsystem integriert werden. Das Core-Modul dient der Verarbeitung der Nachrichten, während die Übertragungsmodule den Nachrichtentransport über die gewählte Transportschicht ermöglichen.

In diesem Buch verwende ich ausschließlich ein Wi-Fi-Modul auf Basis des ESP8266. Dieses gibt es in den verschiedensten Konfigurationen und Bauformen. Ich verwende zur Zeit die Bauform ESP-201, da sie sehr steckboardfreundlich ist und sowohl eine interne Antenne als auch die Möglichkeit, eine externe Antenne anzuschließen, bietet. Aber auch das ESP-01-Modul ist für die hier beschriebenen Zwecke ausreichend. Die Module gibt es bereits für weniger als 5 Euro bei den einschlägigen Händlern.

Die Programmierung ist sehr einfach, da dafür die in diesem Buch bereits beschriebene Arduino IDE Verwendung finden kann. Das Gesamtsystem besteht aus folgenden Komponenten:

- **Sender** ist ein beliebiges Android-Telefon oder -Tablet. Die derzeitige Version unterstützt nur Android-Systeme ab Version 4.4. Allerdings kann man durch einfache Codeänderungen auch ältere Versionen unterstützen. Kenntnisse in Android-Programmierung sind allerdings Voraussetzung.

- **Empfänger-Transportprotokoll**: Es wird ein ESP8266-basierendes Wi-Fi-Modul verwendet. Es arbeitet im AP-Modus (Access Point), womit das

Fernsteuersystem sein eigenes Wi-Fi-Netz aufspannt. Im ESP8266 arbeitet eine eigens für das System gebaute Firmware, die letztendlich nur die Nachrichten empfängt und auf die serielle Schnittstelle weiterleitet. Möglich sind aber auch andere Arten von Firmware. Ein eigener Verarbeitungsstack für größere ESP-Module ist bereits in Arbeit.

- **Empfängerverarbeitung**: Die Verarbeitung der Nachrichten erfolgt auf einem Arduino-basierten Mikrocontroller. Hier werden die Nachrichten auf Steuerbefehle umgesetzt.

Die Quellen sind Open Source und können von jedermann heruntergeladen und an die eigenen Bedürfnisse angepasst werden. Auf den Internetseiten des Autors finden Sie die entsprechenden Links. Für iOS gibt es zur Zeit leider keine Planungen.

Im Folgenden möchte ich kurz beschreiben, welche Schritte erforderlich sind, um ein funktionsfähiges System aufzusetzen.

8.2 Hardware für das System

Folgende Hardware wird für ein funktionierendes RCArduino-System benötigt:

- Android-Gerät mit einer Android-Version >= 4.4
- ESP8266-Modul, z. B. ein ESP-01 oder ESP-201
- USB-nach-TTL-Seriell-Wandler mit 3,3 V
- Arduino Uno oder Nano V3

8.3 Download der Software

Die Software für alle Bereiche liegt in einem öffentlichen Github Repository. Somit kann sich jedermann die Software herunterladen und benutzen. Der Link zum Repository ist *https://github.com/willie68/rcarduino*. Weitere Dokumentation befindet sich auf der Webseite des Autors, *www.rcarduino.de*.

Die kompletten Quellen kann man unter dem angegebenen Link als große ZIP-Datei herunterladen. Darin befinden sich alle benötigten Quelldateien.

Im Ordner *android* befinden sich alle benötigten Quelldateien, um die Android-App zu erstellen. Außerdem wird nur die Android-Studio-Entwicklungsumgebung benötigt. Sie ist frei verfügbar und kann aus dem Internet von der Seite *http://developer.android.com/sdk/index.html* heruntergeladen werden.

Im Ordner *Arduino* befindet sich der Sketchbook-Ordner für die Arduino IDE. Die IDE kann von der Website *www.arduino.cc* geladen und installiert werden. In diesem Sketchbook sind beide Firmwares, also sowohl die Firmware für den ESP8266 als auch die für den Arduino, enthalten.

Unter *Dokumentation* befindet sich eine weitere Dokumentation für das Projekt und im Ordner *Java* gibt es einen kleinen Java-Testserver, mit dem man die Android-App testen kann.

8.4 Installation der Applikation

Will man die fertige Applikation nur benutzen, reicht es aus, die apk-Datei im Ordner *Android/app-debug.apk* auf das mobile Gerät zu übertragen und dort zu installieren, zum Beispiel per Email oder per SD-Karte oder einfach per Windows Explorer, wenn man das Telefon oder Tablet an den PC gekoppelt hat. Normalerweise reicht ein Klick auf die apk-Datei aus. Eventuell muss man noch in den Einstellungen *Sicherheit/ Geräteverwaltung/Installation aus unbekannter Quelle* aktivieren, damit man die Installation durchführen kann. Die Namen der Menüs und Einstellungen können je nach Gerät und Android-Version variieren.

Für diese Anwendung wird eine Android-Version größer als 4.4 benötigt. Zum Entwickeln muss man im Android-Gerät unter *Entwickleroptionen* diverse Optionen setzen, damit man das Gerät per USB mit dem PC verbinden und Programme übertragen kann. Näheres findet man im Internet auf den einschlägigen Seiten zur Android-Programmierung.

8.5 Installation der ESP8266-Firmware

Der ESP8266 kann mit verschiedenen Entwicklungsumgebungen programmiert werden. Ich verwende aber die Arduino IDE, da ich den Arduino auch für die anderen Aufgaben eingesetzt habe. Wenn Sie bereits eine Arduino-Installation haben und sie für andere Projekte verwenden, empfehle ich Ihnen, eine eigene Installation für diese Projekte zu machen. Die ESP8266-Programmierumgebung verändert Ihre Arduino-Installation recht stark und es könnte zu ungünstigen Wechselwirkungen innerhalb der Arduino IDE kommen. Mit einer eigenen IDE-Installation können Sie dies verhindern. Falls Sie das nicht wünschen, können Sie im Folgenden einfach die Installation der Arduino IDE überspringen und direkt mit Schritt 2 weitermachen.

Grundlagen der Smartphonesteuerung

8.5.1 Installation einer eigenen IDE

❶ Für eine eigene Arduino IDE zur Programmierung des ESP8266 laden Sie die ZIP-Variante der Arduino IDE aus dem Intenet herunter – siehe *www.arduino.cc*. Entpacken Sie sie in ein Verzeichnis Ihrer Wahl und erzeugen Sie dann eine Verknüpfung auf dem Desktop mit der Datei *arduino.exe*.

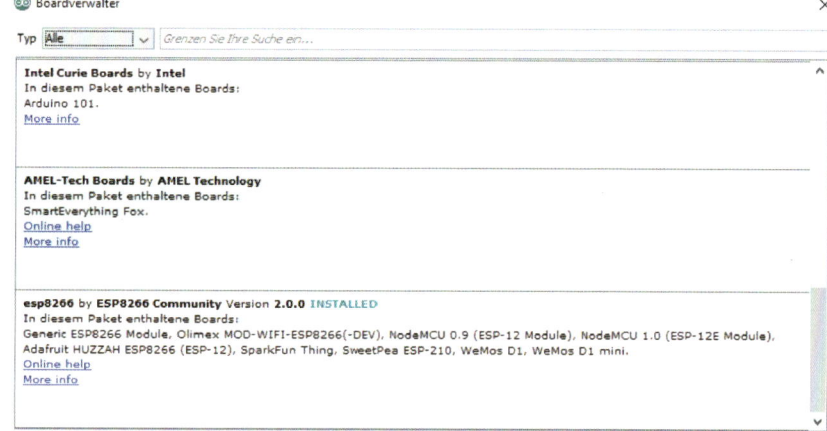

Arduino IDE: Boardverwalter.

❷ Dann wird die Unterstützung für die ESP8266-Boards installiert. Dazu gehen Sie in den Boardverwalter unter *Werkzeuge/Board:#####/Boardverwalter*, und es öffnet sich der *Boardverwalter*-Dialog. In der Liste befinden sich die verschiedenen von der Arduino IDE unterstützen Entwicklungsboards, darunter auch die *esp8266 by ESP8266 Community*. Diesen Eintrag selektieren Sie, wählen in der Auswahlbox die aktuellste Version und drücken auf *Installieren*. Nun werden die verschiedenen Pakete aus dem Internet geladen und in die Arduino IDE installiert. Nach erfolgreicher Installation können Sie den Dialog verlassen und sollten die IDE neu starten.

❸ Als nächsten Schritt müssen Sie den Sketchordner auf das RCArduino-Projekt einstellen. Wie weiter oben beschrieben, stellen Sie den Sketchordner auf den Arduino-Ordner ein, indem Sie zuvor die RCArduino-Software entpackt haben.

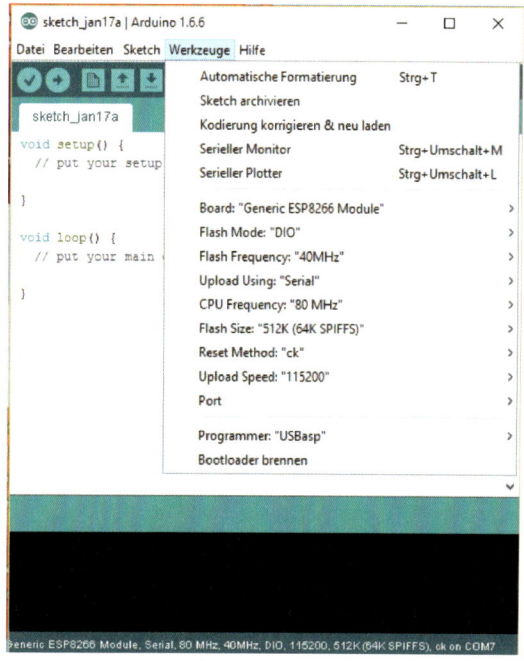

Arduino IDE: ESP-Einstellungen.

❹ Als letzten Schritt stellen Sie das richtige ESP8266-Board und die entsprechende Schnittstelle ein. Beachten Sie die Angaben für Ihr Board. Nun sind Sie bereit, die Firmware in die IDE zu laden.

8.5.2 Kompilation und Hochladen der Firmware

Testen Sie, ob das System richtig konfiguriert ist. Zunächst sollten Sie das ganze System auf einem Steckbrett aufbauen. Ideal ist auch eine Stromversorgung für das Steckbrett, die sowohl 5 V wie auch 3,3 V liefert. Die 3,3-V-Spannungsversorgung des Arduinos ist leider nicht in der Lage, den von dem ESP-Modul benötigten Strom, im ungünstigsten Fall bis zu 170 mA, zu liefern. Um das ESP-Modul anzuschließen, müssen folgende Anschlüsse belegt werden: CHIP_EN, IO=, IO15.

Hier die Belegung des ESP-201-Moduls:

IC-Pin	Board	3V3	RX	TX	GND	Board	IC-Pin
15	IO0					IO15	13
14	IO2					IO13	12
18	D2					IO12	10
21	CLK					IO14	9
20	CMD					XPD	8
22	D0					CHIP_EN	7
23	D1					RST	32
19	D3					T_OUT	6
16	IO4					IO5	24
	3V3					GND	
	3V3					GND	

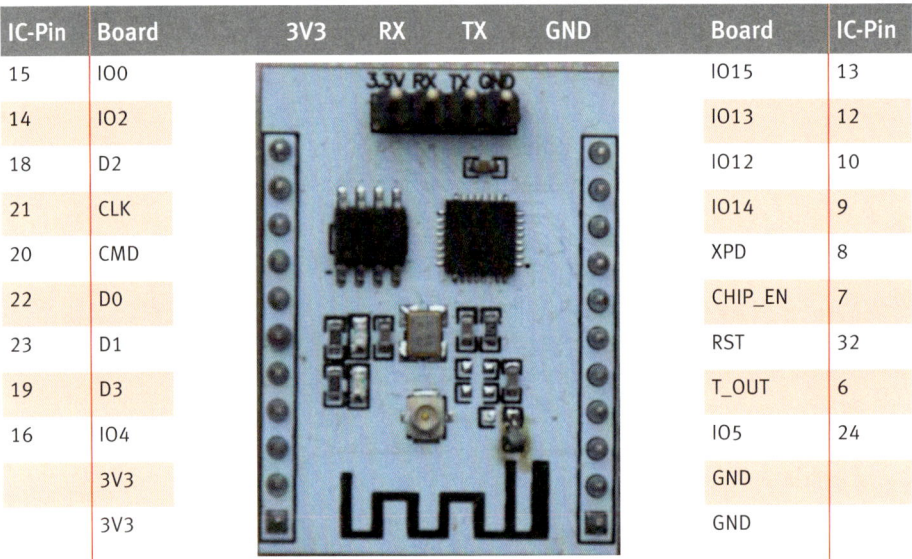

ESP-201-Pin-Belegung

8.5.3 ESP-201-Modul vor Verwendung vorbereiten

Das ESP-201-Modul muss vor der ersten Verwendung vorbereitet werden. Der Anschluss der seriellen Schnittstelle sollte von der Unterseite auf die Oberseite verlegt werden, da diese sonst bei Verwendung auf dem Steckbrett nicht passt.

Normalerweise wird das ESP-201 mit aktiviertem Antennenanschluss und deaktivierter interner Antenne geliefert. Wenn Sie die interne Antenne

Grundlagen der Smartphonesteuerung

benutzen wollen, müssen Sie noch den 0-Ohm-Widerstand auf die andere Position umlöten.

Schließen Sie das ESP8266-Modul an eine 3,3-V-Stromversorgung und GND (Ground, Masse) an. Die rote LED auf dem Modul sollte jetzt leuchten. Um das Modul zu aktivieren, muss der CHIP_EN-Pin auf +V, also auch auf 3,3 V, gelegt werden.

Zum Programmieren müssen nun noch die beiden Pins I00 und I015 an GND angeschlossen werden. Nur dann wird beim nächsten Start der interne Bootloader gestartet und man kann eine neue Firmware in das Modul laden. Nach dem Abschluss des Hochladens wird die neue Firmware automatisch gestartet. Um wieder neue Firmware hochladen zu können, müssen Sie das Modul wieder neu starten. Am besten ist es, wenn Sie dazu einfach kurz den Strom unterbrechen. Praktisch bei der Steckboard-Stromversorgung ist ein Ein-/Aus-Schalter.

Zum Hochladen verwenden Sie bitte den USB-Seriell-TTL-Adapter mit 3,3-V-toleranten Ausgängen. Diesen Adapter gibt es bei den einschlägigen Internethändlern.

Verbinden Sie den GND-Anschluss mit dem GND-Anschluss des ESP-Moduls. Die Signalanschlüsse werden über Kreuz angeschlossen, also muss TX des Adapters auf RX des Moduls und der Adapter RX auf das TX-Signal des Moduls.

Wenn Sie nur ein 5-V-tolerantes USB-Seriell-Modul zur Verfügung haben, müssen Sie am TX-Anschluss des Adapters einen Spannungsteiler gegen Masse einbauen. IN entspricht hier dem 5-V-Signal, also dem TX des Adapters, OUT ist das TX-Signal zu dem 3,3-V-RX-Eingang des Moduls. Unter normalen Umständen benötigt das 3,3-V-Signal keine weitere Bearbeitung, um an einem 5-V-Eingang verarbeitet zu werden.

> **Vorsicht!**
> Da es sich um ein sehr kleines SMD-Bauteil handelt, sollte man etwas Erfahrung im Umgang mit SMD haben. Eine Vakuumpinzette und eine entsprechend kleine Lötspitze sollten vorhanden sein. Eine andere, einfachere Variante ist, zunächst das SMD-Bauteil mit dem Lötkolben zu erhitzen und dann »wegzuwischen«. Die neue Verbindung erzeugen Sie dann statt mit der SMD-Brücke einfach über einen etwas größeren Lötzinnpunkt. Dazu beide zu verbindenden Pads gleichzeitig erwärmen und so viel Lötzinn schmelzen, dass sich ein Lötzinntropfen über beiden Pads bildet.

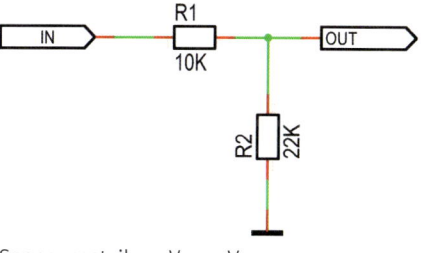

Spannungsteiler 5 V, 3, 3 V

8.5.4 Testen, ob Modul und Anschluss funktionieren

Um zu testen, ob das Modul und der Anschluss funktionieren, können Sie in der Arduino IDE aus den Beispielen des ESP-Moduls das Blink-Beispiel laden und über den entsprechenden Button auf das Modul hochladen. Stellen Sie sicher, dass der für das ESP-Modul in der Arduino IDE gewählte COM-Port auch der COM-Port des USB-Seriell-Adapters ist.

Am leichtesten geht das unter Windows mit dem Geräte-Manager. Dort wird das Modul in den Schnittstellen angezeigt. Der erste Start zum Hochladen der Firmware kann ein paar Minuten in Anspruch nehmen. Denn zunächst werden alle Dateien für die Firmware kompiliert und zu einer Firmwaredatei zusammengestellt. Beim späteren Hochladen sollte die blaue LED auf dem ESP-Modul leicht flackern. Nach dem Hochladen sollte die LED dauerhaft blinken. Falls das nicht der Fall ist, überprüfen Sie die einzelnen hier beschriebenen Schritte.

8.5.5 Aufspielen der RCArduino-Firmware

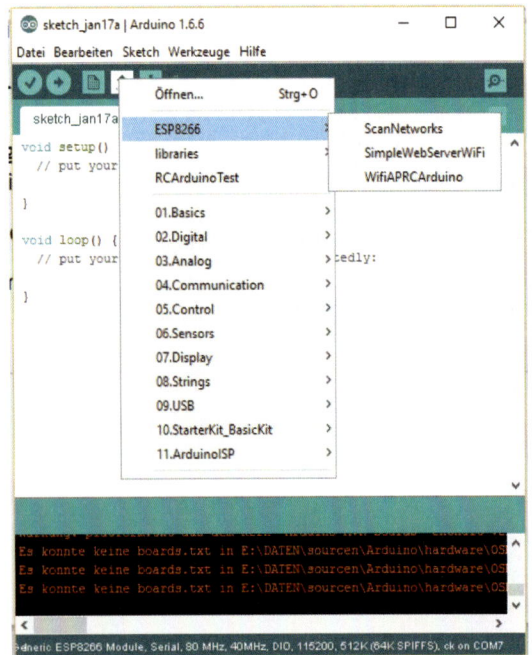

Arduino IDE: Auswahl WiFiAPRCArduino.

Wenn alles funktioniert, können Sie die RCArduino-Firmware auf das Modul spielen. Die Firmware befindet sich in dem Sketch *WifiAPRCArduino* im Ordner *ESP8266*. Nach dem Hochladen öffnen Sie den seriellen Monitor der Arduino IDE. Stellen Sie ihn auf 9600 Baud ein und starten Sie das ESP-Modul neu. Dabei sollten die beiden Anschlüsse I00 und I015 offen bleiben, damit der Bootloader (zur Firmwareprogrammierung) nicht startet. Sie sollten nun ein paar Ausgaben auf dem seriellen Monitor sehen.

Alles bereit? Dann können Sie mit der Anwendung für den Arduino starten.

8.6 Bibliothek für den Arduino

Für die Verarbeitung der Funknachrichten wird derzeit ein Arduino Uno oder Nano V3 benötigt. Er sorgt für die Umsetzung der Nachrichten auf die entsprechenden Steuerausgänge. Um die Nachrichtenverarbeitung zu vereinfachen, gibt es für den Arduino eine Bibliothek. Eine weitere Bibliothek ist für die Kommunikation mit dem ESP-Modul zuständig. Da die Kommunikation über eine serielle Schnittstelle erfolgt, die beim Arduino aber bereits für die Kommunikation mit dem PC verwendet wird, benötigt die Bibliothek eine eigene serielle Schnittstelle.

Hier wird die Bibliothek *AltSoftSerial* verwendet – siehe *www.pjrc.com/ teensy/td_libs_AltSoftSerial.html*. Sie benötigt die Pins 8 und 9 für die Kommunikation. Da intern auch ein Timer verwendet wird, steht leider

Grundlagen der Smartphonesteuerung

auch das PWM-Signal auf Kanal 10 nicht mehr zur Verfügung. Als normalen Ein-/Ausgang kann man diesen Pin jedoch noch verwenden.

8.7 Verbindung Arduino und ESP8266

Der TX des ESP8266 kommt auf Pin 8 des Arduino. Pin 9 des Arduino kommt, wenn benötigt, über einen Spannungsteiler mit 10 k/22 k auf den RX-Pin des ESP8266. Dieser ist wichtig für die Telemetrie und bildet den Rückkanal in der Kommunikation. GND kommt auf GND.

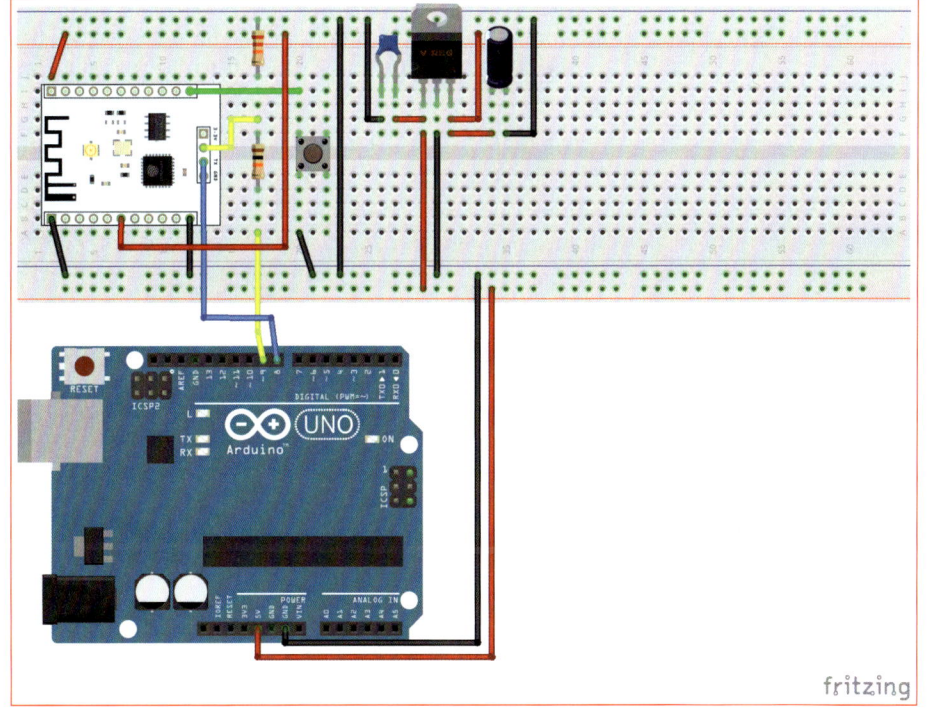

Arduino-ESP-201-Schaltung

In der Abbildung sehen wir auch einen Taster. Diesen muss man beim Einschalten des Moduls betätigen, wenn man eine neue Firmware auf das ESP-Modul laden möchte. Ob der IO15 auf Masse muss oder nicht, hängt von dem Modul ab. Bei manchen Modulen muss zum Programmieren der IO15 auch auf Masse sein, bei anderen Modulen nicht.

Das ESP-Modul benötigt 3,3 V. Zwar hat der Arduino eine 3,3-V-Versorgung, die aber für den ESP nicht stark genug ist. Deswegen sollte eine eigene Versorgung vorgesehen werden. Das ESP-Modul benötigt im ungünstigsten Fall bis zu 170 mA. Die folgende einfache Schaltung mit dem LM2937 ermöglicht es, das ESP-8266-Modul aus der bereits vorhandenen 5-V-Versorgungsspannung mit zu versorgen. Das funktioniert, weil der LM2937 ein sogenannter Low-Drop-Out-Regler ist, das heißt, dieser Regler benötigt nur eine geringe Spannungsdifferenz zwischen Eingang und Ausgang. Beim LM2937 sind es ca. 1 V.

Beim Aufbau müssen Sie nur darauf achten, dass der Ausgangskondensator (C1) ein LowESR-Typ ist. Ansonsten könnte der LM2937 zum Schwingen neigen. Der Eingangskondensator C2 kann ein normaler Keramiktyp sein. Diese Schaltung kann bis zu 500 mA liefern, somit können weitere Module und Sensoren, die 3,3 V benötigen, mit dieser Schaltung versorgt werden. Nun ist die neue Fernsteuerung für einen Test bereit.

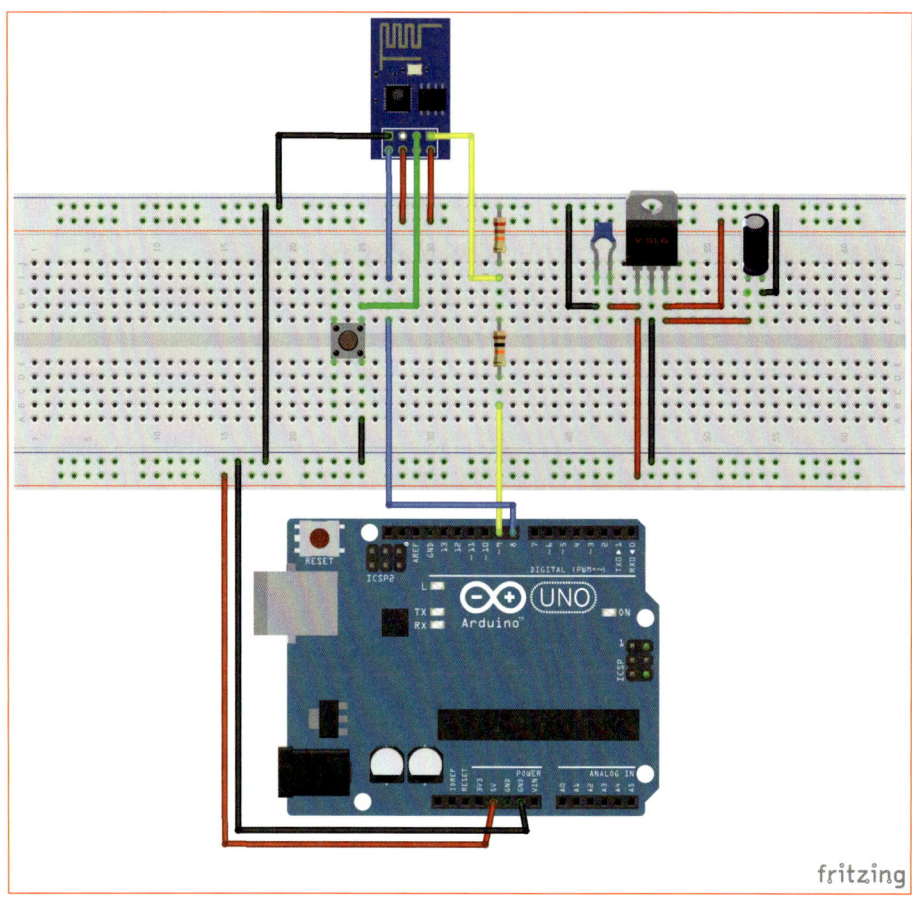

Beschaltung LM2937

INDEX

A

Alarmlicht 76
AltSoftSerial 60, 188
Anode 14
Arduino 5, 126, 152
    debuggen 165
Arduino IDE 155, 185
    einrichten 158
    installieren 156
Arduino Nano 87, 179
Arduino Nano V3 152
Arduino Uno 152, 179
ATMega
    Arduino-Pins 153
Audacity 58
Audiokulisse 58
Aufbaulichter 12

B

Barken 12
Bauernhof 56
    Beleuchtung 56
    Förderband 62
    Soundmodul 58
    Stallampel 64
Baukran 24
    Elektromagnet 31
    Elektronik 25
    H-Brücke 28
    Umbauvarianten 24
    Variante 2 27
Baustellenbeleuchtung 12
    Bauteile 12
    LEDs fertig machen 13
    Produktnummer 7453 12
Bildschirm 132
Bohren 13
Brandmeisterfahrzeug 83
    Beleuchtung 86
Break before make 26

C

Country 56
    Produktnummer 6120 56

D

Debuggen 165
Dritte Hand 142

E

Elektromagnet 27
Elektronik-Grundlagen 140
Elektroniklötkolben 141
Elektroniklötzinn 141
Entlötlitze 141
ESP-201-Modul 186
ESP8266-Modul 152
ESP8266-WLAN-Module 179

F

FAT-Dateisystem 58
Feuerwehr 72
    Adafruit_NeoPixel 74
    Alarm 76
    Brandmeisterfahrzeug 83
    Brand simulieren 72
    Wasser 103
    Wasserdruck 103
Feuerwehrstation 76
Flachzange 142
Förderband 62

G

Gesichtserkennung 135
    Programm 136

H

H-Brücke 25, 28

I

IR-Fernbedienung 24

K

Kamera 132
Kathode 14
Klassifikator trainieren 173
Konstanten 161
Kontrollstrukturen
    im Programmfluss 164

L

L298-Motoren-Modul 148
L298N-Modul 27
Lampen 12
leafpad 168
LED 45
    berechnen 144
Lichtintensitäten 73
Lichtleitanhänger
    Aufbau 17
    LED nachrüsten 15
    Segmente 16
Lichtleitstäbe 40
Lichtsteuerung
    Porsche Carrera 40
Litzenenden 144
LM298-Motorcontroller 179
Lochrasterplatinen 140
Lot
    bleifrei 141
    bleihaltig 141
Löten 140, 143
Lötfett 144
Lötspitze 141, 143
Lötwasser 144
Lötzinn 141
Lötzinnabsaugpumpe 141

M

Modellbauservomotor 114
Motortreiber 25
MP3-Modul 179
MX214B 25

INDEX

N
nano 168

O
OpenCV 170

P
Platinen 140
Playmobil 5
    Baustellenbeleuchtung 7453 12
    Brandmeisterfahrzeug 5364 83
    Country 6120 56
    Feuerwehrstation 5361 76
    Förderband 6132 62
    Playmobilmotor 5556 62, 86
    Polizeistation 5176 108
    Porsche Carrera 3911 40
    SEK-Einsatztruck 5564 127
Playmobilmotor 62, 86
Polizeistation 108
    Außenbeleuchtung 109
    Bildschirm 132
    Erkennungsdienst 132
    Gesichtserkennung 135
    SEK-Einsatztruck 127
    Türsystem 114
Porsche Carrera 40
    Bauteile 41
    Lichtsteuerung 40
    Produktnummer 3911 40
Programmierung
    Grundlagen 160
Puppenhausstecker 15
Python 167

R
Raspberry Pi 5, 126, 167
    Display 132
    Programmierumgebung 167
Raspberry Pi 3 179
RCArduino 24, 182
Rollenspiel 5
Rundzange 142

S
Schleifpapier 109
Schrumpfschlauch 14
SD-Speicherkarte 58
Seitenschneider 142
SEK-Einsatztruck
    Produktnummer 5564 127
    Umbau 127
Servomotor 114
Sirene 76
Smartphone 24
Sounddateien 58
Spitzzange 142
Streifenrasterplatinen 140

T
Transistor 28
Transistorschaltung 146
Treiberschaltungen 146

U
ULN2003 46
Ultraschallmodul 125

V
Variablen 160
Verzinnen 144
Vorwiderstand 45